Alexander Zhelezko
Michael Bazilev
Victor Maslak

Aromaty smakowe w żywieniu cieląt

Alexander Zhelezko
Michael Bazilev
Victor Maslak

Aromaty smakowe w żywieniu cieląt

Monografia

Wydawnictwo Bezkresy Wiedzy

Imprint
Any brand names and product names mentioned in this book are subject to trademark, brand or patent protection and are trademarks or registered trademarks of their respective holders. The use of brand names, product names, common names, trade names, product descriptions etc. even without a particular marking in this work is in no way to be construed to mean that such names may be regarded as unrestricted in respect of trademark and brand protection legislation and could thus be used by anyone.

Cover image: www.ingimage.com

Publisher:
Wydawnictwo Bezkresy Wiedzy
is a trademark of
International Book Market Service Ltd., member of OmniScriptum Publishing Group
17 Meldrum Street, Beau Bassin 71504, Mauritius

Printed at: see last page
ISBN: 978-620-0-54223-6

Aromaty smakowe w żywieniu cieląt

PROSZĘ ZAUWAŻYĆ

WYKAZ SKRÓTÓW I SYMBOLI

AlAt	transfer alaninowy
Na stronie	transfer aspartatyny
Acevandol	środek aromatyzujący acevandol
BAV	substancje biologicznie czynne
BASK	Działanie bakteriobójcze surowicy
Wanilia	środek aromatyzujący wanilia AP 239
ZAO	zamknięta spółka akcyjna
UO VGAVM	Instytucja edukacyjna "Zakon Witebski". "Odznaka Honorowa" Państwowej Akademii Medycyny Weterynaryjnej."
GU	organizacja rządowa
ZCM	substytut mleka pełnego
LASK	aktywność lizozymu serum
M	średni błąd arytmetyczny
MTF	gospodarstwo mleczarskie
NANB	Narodowa Akademia Nauk Białorusi
OJSC	spółka publiczna
FCS	sucha mieszanka paszowa
P	poziom istotności
RNTP-1-2004	republikańskie normy projektowania technologicznego nowych, rekonstrukcji i technicznego wyposażenia obiektów hodowli zwierząt
RUIE	krajowa produkcja rolna przedsiębiorstwo jednostkowe
SMF	mononuklearny system fagocytów
MTSP	dzienny zysk
FAN	aktywność fagocytarna neutrofili
SOO	spółka z ograniczoną odpowiedzialnością

WPROWADZENIE

Obecne wyzwania stojące przed kompleksem rolno-przemysłowym obejmują dalszy wzrost produkcji zwierzęcej i znaczny wzrost eksportu. Dużą rolę przypisuje się specjalistom służb technicznych i weterynaryjnych, których najważniejszym zadaniem jest przestrzeganie norm i wymagań zoohigienicznych w zakresie utrzymania, karmienia i eksploatacji zwierząt. Działania zoohigieniczne powinny być ukierunkowane przede wszystkim na zwiększenie naturalnej odporności organizmu i produktywności zwierząt. Efektywność ekonomiczna jest warunkiem koniecznym [4, 6, 94, 228].

Hodowla zwierząt gospodarskich jest jednym z wiodących sektorów hodowli, którego rozwój determinuje z jednej strony poziom zadowolenia ludności z cennych produktów żywnościowych, z drugiej strony dobrobyt gospodarczy sektora rolniczego Republiki Białoruś, ma znaczny potencjał eksportowy. Przemysł ten zapewnia 16-18% rynkowej produkcji rolnej, w tym 23-25% produkcji zwierzęcej; produkuje i dostarcza do 45-50% mięsa do zasobów państwowych i na rynek (według wagi bydła). Wykorzystuje on 20-21 i 34-35 % zasobów materialnych i pieniężnych wydanych na wytwarzanie produktów i świadczenie usług, 21-23 i 30-32 % zasobów pracy zużywa odpowiednio 42-43 % pasz. Perspektywa dalszej hodowli i tuczu młodego bydła jest podyktowana faktem, że wołowina jest obecnie uważana za jeden z najpopularniejszych i najbardziej użytecznych dla ludzi gatunków mięsa. Liczne badania wykazały, że wołowina zawiera masę składników odżywczych, witamin i minerałów [160, 165, 216].

Produkcja wołowiny jest najbardziej odpowiednia w przypadku tuczenia młodych zwierząt, które mają w organizmie więcej białka i mniej tłuszczu niż zwierzęta dorosłe. Podczas całego okresu tuczu wzrost jest utrzymywany na wysokim poziomie, dzięki czemu młode szybciej osiągają optymalną masę do uboju mięsa. Rosnące młode zwierzęta mają niższe koszty paszy na jednostkę wzrostu niż dorosłe. Warunkiem koniecznym dla wysokiego tempa wzrostu i rozwoju młodego bydła jest właściwa organizacja, reżim i pełnia żywienia z uwzględnieniem wymagań zoohigienicznych. Wydajność zwierząt gospodarskich wynosi 70-80% w zależności od warunków żywieniowych i warunków bytowania oraz tylko 20-30% potencjału genetycznego. Dlatego też wśród działań przyczyniających się do efektywności hodowli bydła, ścisłe przestrzeganie wymogów higieny żywienia, którego rola znacznie wzrasta wraz z intensywną technologią, gdyż zwierzęta są umieszczane w warunkach znacznej izolacji od natury, a pasza staje się najważniejszym ogniwem łączącym je ze środowiskiem zewnętrznym. Faktycznym zadaniem hodowców bydła jest poprawa żywotności i bezpieczeństwa cieląt.

Nowoczesne technologie obejmują umieszczanie zwierząt użytkowych na ograniczonych obszarach oraz karmienie koncentratami, co prowadzi do znacznych obciążeń fizjologicznych. W tych warunkach organizm zwierzęcia jest szczególnie wymagający w stosunku do paszy. Nieodpowiednia dieta, stosowanie pasz złej jakości, w tym smakowych, prowadzi do obniżenia naturalnej obrony organizmu i pojawienia się chorób zwierząt. Jest on szczególnie wrażliwy na takie oddziaływanie młodych w najtrudniejszych fazach rozwoju rosnącego organizmu. W opinii większości naukowców i praktyków podstawą środków zapobiegawczych przy hodowli cieląt powinna być zasada zwiększania naturalnej odporności organizmu [1, 50, 98, 145, 156, 217].

Pomimo powszechnego stosowania mieszanek paszowych, dieta młodego bydła często charakteryzuje się brakiem substancji biologicznie czynnych, niezbędnych dla organizmu. Problem ten jest rozwiązywany poprzez wprowadzanie do diety suplementów paszowych. Biorąc pod uwagę fakt, że wiele skutecznych dodatków paszowych lub ich składników ma wysokie koszty, wielu naukowców wskazuje na możliwość wykorzystania w tym celu lokalnych surowców naturalnych [84, 101, 109, 133, 241].

Jako jeden ze sposobów na zwiększenie naturalnej odporności cieląt możemy rozważyć zastosowanie dodatków smakowych, które są obecnie stosowane w hodowli drobiu i świń, ale w hodowli bydła nie zostały wprowadzone. Informacja o wprowadzeniu dodatków smakowych w diecie bydła jest pojedyncza [112, 235].

Szczególnie interesujące są dodatki smakowe zawierające kwasy organiczne, które aktywnie uczestniczą w procesach metabolicznych, stymulują przemianę materii, poprawiają walory smakowe i są ekologicznie bezpiecznymi konserwantami pasz, zwiększając ich biokonwersję [78, 213, 106, 205, 240].

Problematyce korekty naturalnej odporności organizmu i wzrostu wydajności zwierząt gospodarskich poświęcone są prace naukowe tak wybitnych białoruskich uczonych jak I. S. Puszkin.P. Sheiko [161]; V.I. Shlyakhtunov [164]; S.I. Plashchenko [113]; A.F. Trofimov [145]; V.I. Sapego [125]; V.I. Bezzubov [9]; I.S. Seriakov [129]; V.A. Medvedsky [84]; N.A. Sadomov [124] I.M. Karputh [49]; S.S. Abramov [2] i inni.

Dlatego też opracowanie i wprowadzenie skutecznych sposobów na zwiększenie naturalnej odporności organizmu i wydajności cieląt poprzez zastosowanie aromatycznych dodatków smakowych ma znaczenie naukowe i praktyczne.

ROZDZIAŁ 1. KRAJOWE I ZAGRANICZNE DOŚWIADCZENIA W ZAKRESIE POPRAWY NATURALNEJ ODPORNOŚCI I WYDAJNOŚCI ZWIERZĄT GOSPODARSKICH

1.1 Ogólna koncepcja naturalnej odporności organizmu zwierzęcia

Naturalna odporność organizmu - odporność organizmu na czynniki ekologiczne i fizjologiczne spowodowane nie przez aktywne uodpornienie, ale przez jego naturalne właściwości biologiczne konstytucyjnej odporności [176, 218].

Naturalna odporność organizmu jest częściej reprezentowana przez ogólną reaktywność immunobiologiczną, odporność komórek i tkanek, nieswoiste czynniki humoralne. Większość autorów definiuje ją jako naturalną odporność organizmu. Odporność jest jedną z najważniejszych integralnych cech organizmu. Jest wskaźnikiem jego odporności na różne wpływy, opiera się na mechanizmach, które powstały podczas ewolucji, są ustalane przez selekcję naturalną i określają normę adaptacyjną reakcji jednostki lub gatunku jako całości. Odporność organizmu dzieli się zazwyczaj na ochronę immunologiczną (odpowiedź immunologiczną) i nieswoistą. Oba obejmują wrodzoną i nabytą oporność. Oporność nieswoista lub ogólna organizmu różni się od specyficznej tym, że chroni przed wpływem różnych czynników środowiskowych, natomiast oporność swoista związana jest tylko z poszczególnymi chorobami i jednocześnie z opornością ogólną, która z kolei uwarunkowana jest aktywnością układu hormonalnego i siatkowego i regulowana jest przez centralny układ nerwowy poprzez układ wegetacyjny [14, 75, 90, 110, 242].

Wiadomo, że podstawową ochronę organizmu stanowi skóra, błony śluzowe, które są nie tylko barierą mechaniczną, ale także czynnikiem sterylizującym wiele zarazków. Rozróżnia pomiędzy czynnikami ochrony humoralnej i komórkowej. Humoralna i komórkowa odpowiedź immunologiczna jest złożonym procesem, który powstaje w wyniku interakcji różnych typów komórek (limfocytów B, limfocytów T, makrofagów itp.) i towarzyszy mu produkcja specyficznych przeciwciał [149, 180, 229].

Komórkowe czynniki naturalnej odporności organizmu są powszechnie oceniane na podstawie reakcji fagocytarnej. Fagocytoza jest najstarszym, w kategoriach filogenetycznych, mechanizmem ochrony organizmu, przejawiającym się w zdolności komórek krwi i limfy (leukocytów, komórek siatkowatych śledziony i szpiku kostnego, itp.), do wychwytywania obcych cząstek przenikających do organizmu zwierzęcia, w tym mikroorganizmów, z ich późniejszym trawieniem.

Zjawisko fagocytozy zostało odkryte i zbadane przez I.I. Mechnikova.

Fagocytoza jest jednym z czynników wpływających na odporność w wielu chorobach zakaźnych. U zwierząt zdrowych, które nie były narażone na zakażenie, aktywność fagocytozy może wskazywać na stopień ich gotowości do ochrony organizmu po zakażeniu [58, 93, 239].

Fagocytoza u kręgowców wykonywana jest przez leukocyty krwi i limfy, a także utrwalone komórki miednicowe wątroby, histiocyty śledziony, szpiku kostnego, węzłów chłonnych (komórki RES), śródbłonka naczyń krwionośnych i limfatycznych oraz histiocyty luźnej tkanki łącznej, które na podstawie jedności ich pochodzenia, morfologii i funkcji łączą się w układ fagocytów jednojądrowych - SMP [150, 219].

Główną funkcją makrofagów tkankowych jest rozpoznawanie obcego materiału, jego wchłanianie, neutralizacja i trawienie w odpowiednich ultrastrukturach wewnątrzkomórkowych.

Receptory błony cytoplazmatycznej makrofagów odgrywają ważną rolę w rozpoznawaniu obcych cząstek i makrocząsteczek. Wiele wykrytych na ich powierzchni receptorów bierze udział w procesach adhezji, endocytozy, oddziaływań międzykomórkowych. Funkcje makrofagów nie ograniczają się tylko do fagocytozy i wewnątrzkomórkowego trawienia cząstek fagocytarnych. Wydzielając ponad 60 białek (monokin) makrofagi są unikalnymi komórkami wydzielniczymi, których molekularne produkty wydzielania mogą mieć zarówno lokalne, jak i systemowe oddziaływanie na organizm, kompleksowo wpływając na homeostazę tkanek w rozwoju procesu patologicznego.

Makrofagi są głównymi producentami lizozymu w organizmie, więc jego poziom we krwi może odzwierciedlać zarówno ilościowe, jak i jakościowe cechy mononuklearnego układu fagocytowego. Inne enzymy makrofagów (glikozydazy, steryfazy, katepsiny) oraz proteazy obojętne uczestniczą w zewnątrzkomórkowym działaniu przeciwdrobnoustrojowym makrofagów [14, 98, 230].

Układ fagocytów jednojądrowych (MN) może również zawierać neutrofile krwi obwodowej. Zarówno w nich, jak i w makrofagach, na powierzchni znaleziono receptory na czynniki dopełniające, immunoglobuliny i chemotoksycznie czynne peptydy, a także receptory na hormony. Wykryto obecność kontaktów pomiędzy limfocytami i neutrofilami. Niszczenie żywych przedmiotów, czyli całkowita fagocytoza, jest jedną z głównych funkcji neutrofila. Trawienie odbywa się za pomocą licznych enzymów granulowych, które hydrolizują praktycznie wszelkie struktury biologiczne - białka, kwasy nukleinowe, lipidy [100, 231].

Jednym z najważniejszych wskaźników reorganizacji immunologicznej organizmu, którego intensywność jest kryterium odporności na zakażenia bakteryjne, jest aktywność fagocytarna leukocytów (PAL) [1, 48, 220].

Humoralne czynniki naturalnej odporności organizmu odgrywają szczególną rolę w odporności zwierząt na środowisko zewnętrzne. Czynniki te obejmują ochronne właściwości skóry i błon śluzowych, bakteriobójcze działanie surowicy krwi, płynu łzawiącego, śliny, mleka i innych płynów ustrojowych zapewnione przez obecność nieswoistych czynników humoralnych - lizozymu, dopełniacza, perdynu, interferonu, beta-lizyny, naturalnych przeciwciał itp. [50, 79, 238].

Wiadomo, że krew zwierzęca ma zdolność do zatrzymywania wzrostu (zdolność bakteriostatyczna) lub powodowania śmierci (zdolność bakteriobójcza) wielu gatunków mikroorganizmów. Owe właściwości krwi i jej surowicy uwarunkowane są, jak wskazano powyżej, zawartymi w niej składnikami humoralnymi (lizozym, dopełniacz, interferon, itp.). Ogólnie rzecz biorąc, właściwości te nazywane są aktywnością bakteriobójczą surowicy (Serum bactericidal activity - BASC).

Pod pojęciem bakteriobójczego działania surowicy krwi rozumie się jej zdolność do zabijania i opóźniania wzrostu drobnoustrojów, o czym decyduje zawarty w niej lizozym, dopełniacz, właściwa dynia, interferon i bakterioliza. Stopień bakteriobójczości surowicy nie jest taki sam i zależy od wieku, pory roku, warunków odżywiania, konserwacji i pielęgnacji. Aktywność bakteriobójcza surowicy odzwierciedla całkowite działanie czynników ochrony humoralnej [88, 221].

Jednym z efektów zewnątrzkomórkowego działania bakteriobójczego jest lizozym, który jest stale izolowany przez makrofagi jako ich enzym konstytutywny. Lizozzym jest enzymem, który ma właściwości lizania wielu mikroorganizmów. Głównymi producentami lizozymu są granulocyty i monocyty krwi, makrofagi szpiku kostnego i śledziony. Dużo jej jest w płynie łzowym, sekretach błony śluzowej jamy ustnej i górnych dróg oddechowych, czyli w tych narządach, które są pierwszą barierą dla przenikania mikrobów do organizmu zwierzęcia [26, 48, 232].

V. Asensi, J. Fierer zwraca uwagę, że biologiczna rola lizozymu, jego zawartość we krwi i jamach surowych jest ważna w systemie naturalnych funkcji ochronnych organizmu. Lizozzym jest niezawodnym wskaźnikiem diagnostycznym nieswoistej odporności zwierząt. Wzrost aktywności lizozymu w surowicy (LASC) pozwala ocenić wzrost naturalnych mechanizmów obronnych organizmu. Zdolność lizozymu do lizania mikrobów jest niezwykle wysoka, nie traci tej właściwości w hodowli nawet 1:1000000. Enzym ten jest najbardziej aktywny w stosunku do mikroorganizmów gram-dodatnich, co tłumaczy się różną strukturą chemiczną powierzchni komórki bakteryjnej. Oprócz działania bakteriobójczego, muramidaza wpływa na poziom perydyn i aktywność fagocytową leukocytów, reguluje przepuszczalność błon i barier tkankowych. Lizozym ma działanie hydrolityczne, bakteriostatyczne i bakteriobójcze; powoduje lizę, bakteriostazę i aglutynację bakterii, stymuluje fagocytozę, proliferację limfocytów T i B, fibroblastów i tworzenie się przeciwciał [98, 178, 222].

Składnik - złożony kompleks dziewięciu białek o charakterze globuliny surowicy krwi, różniących się składem chemicznym, właściwościami fizjologicznymi i biologicznymi. Całe uzupełnienie jest aktywne, a nie jego poszczególne składniki. Najwyższą zawartość dopełniacza stwierdzono w surowicy świnek morskich. Składnik sprzyja lizie uczulonych bakterii w obecności bakteriolizyn, lizie uczulonych krwinek czerwonych i opsonizacji bakterii do fagocytozy. W przypadku braku dopełnienia, aktywność niektórych przeciwciał jest całkowicie utracona, więc zawartość i aktywność tego kompleksu jest charakterystyczna dla stanu naturalnej odporności. Główną funkcją dopełniacza jest liza antygenowa. Cały proces opiera się na wysoko zorganizowanych specyficznych interakcjach cząsteczek, jak również na rekonstrukcji struktury poszczególnych składników układu dopełniacza. Sekwencja tych reakcji nazywana jest aktywacją komplementarną. W przypadku niedoboru dopełniacza obserwuje się nie tylko zwiększoną wrażliwość na choroby o różnej etiologii, ale również zwiększa się ryzyko wystąpienia nowotworów złośliwych. Dlatego też wysoka zawartość dopełniacza we krwi jest korzystnym objawem, a obniżenie jej poziomu wskazuje na osłabienie obronności organizmu [100, 233].

Interferon jest postrzegany jako jeden z niespecyficznych czynników zaangażowanych w ochronę przeciwwirusową. Tworzy się w komórce, gdy tylko wirus do niej dotrze i jest produktem komórki gospodarza. Poza tym interferon jest uniwersalną cząsteczką regulacyjną zdolną do modulowania niemal wszystkich funkcji mononuklearnego układu fagocytów [150, 223].

Prawidłowa dieta odgrywa ważną rolę w naturalnej odporności zwierząt i ludzi. Zawarta w normalnej surowicy krwi ma działanie bakteriobójcze i zdolność do zabijania większości bakterii gram-dodatnich i gram-ujemnych. Jego aktywność wykazuje się jedynie w obecności innych czynników surowicy - dopełniacza, a także jonów magnezu [95, 227].

Beta-lizyna jest termostabilnym białkiem o masie cząsteczkowej 6000D, które zapewnia właściwości lizujące surowicy w stosunku do mikrobów gram-dodatnich. Sugeruje się, że producentem beta-lizyny są płytki krwi, z których przechodzi ona do surowicy podczas krzepnięcia [48, 138, 236].

Do czynników ochrony humoralnej organizmu należą naturalne przeciwciała, które zawarte są w małych mianach w surowicy zdrowych zwierząt, które nie zostały specjalnie uodpornione. Charakter tych przeciwciał nie został w pełni wykryty. Niektórzy badacze uważają, że powstają one w wyniku uodpornienia krzyżowego, inni sugerują, że są to rutynowe przeciwciała immunologiczne powstające w odpowiedzi na wprowadzenie do organizmu niewielkiej ilości czynnika zakaźnego, który nie jest zdolny do wywołania ostrej choroby, a jedynie wywołuje utajone lub podostre zakażenie [14].

Do kategorii immunoglobulin, które są syntetyzowane w organizmie w odpowiedzi na aktywne podrażnienia, bardziej odpowiednie są naturalne przeciwciała. Zawartość naturalnych przeciwciał we krwi odzwierciedla poziom dojrzałości układu immunokompetentnego organizmu zwierzęcia. Ich miana spada dramatycznie w wielu warunkach patologicznych. Ponadto, naturalne przeciwciała wraz z dopełniaczem powodują bakteriobójcze działanie normalnej surowicy, co często jest brane pod uwagę przy określaniu oporności.

Z czynników ochrony humoralnej należy zwrócić uwagę na rolę białka ogólnego w surowicy i jego frakcji. Badanie prawidłowości zmian w białku ogólnym i jego frakcjach, zwłaszcza gamma-globulinie, pozwala zrozumieć charakter wahań widma białek krwi w zmieniającym się wieku i różnych chorobach [49, 203, 224].

Czynniki naturalnej odporności organizmu oceniane są poprzez kompleksowe badanie surowicy pod kątem aktywności litycznej, bakteriobójczej, lizozymowej i fagocytarnej leukocytów [2].

Zwierzęta charakteryzują się gatunkową i skalną charakterystyką dynamiki naturalnej odporności organizmu. Właściwości reaktywne w rosnącym organizmie tworzą się stopniowo i ostatecznie tylko na pewnym poziomie ogólnej dojrzałości fizjologicznej. Dlatego też młode i dorosłe organizmy mają różną podatność na choroby, inaczej reagują na działanie czynników chorobotwórczych. Na przykład, komórkowe czynniki ochronne u zwierząt występują wcześniej w rozwoju niż humoralne. Stopniowo wzrasta aktywność czynników zarówno komórkowych, jak i humoralnych, a pełne formowanie się sił ochronnych zwykle zbiega się z zakończeniem fizjologicznego dojrzewania. Na poziom naturalnej obrony organizmu istotny wpływ ma jego otoczenie zewnętrzne i dziedziczność. Niezadowalający reżim temperatury i wilgotności oraz skład gazowy, słabe żywienie i zawartość w znacznym stopniu przyczyniają się do osłabienia ogólnej odporności organizmu zwierząt, co często powoduje masowe choroby płuc, zwłaszcza młodych zwierząt [30, 48, 63, 64, 100, 237].

Badania niektórych autorów wykazały korelacyjny związek pomiędzy poziomem naturalnej odporności organizmu a niektórymi wskaźnikami hematologicznymi.

Bardziej reaktywne zwierzę ma więcej czerwonych krwinek i jest bogatsze w hemoglobinę niż zwierzę o słabej reaktywności. Ze względu na fakt, że erytrocyty pełnią ważne funkcje w organizmie (udział w wymianie gazowo-wodno-solnej, regulacja równowagi kwasowo-zasadowej w organizmie, transport i rola antytoksyczna), badanie przepuszczalności skorupy erytrocytów i odporności na różne pH może określić stopień reakcji na niekorzystne warunki i ocenić reakcję organizmu na wpływ tych czynników. Inne wskaźniki hematologiczne mogą być również wykorzystywane do badania oporności. Każda z nich ma swoją wartość i specyfikę, które związane są z udziałem tego czy innego systemu w tworzeniu i manifestacji naturalnych sił obronnych organizmu zwierzęcego.

W celu określenia stanu naturalnej odporności zwierząt zaleca się badanie aktywności fagocytarnej neutrofili i monocytów, lizozymu i aktywności bakteriobójczej surowicy krwi, stężenia immunoglobulin w niej, zawartości białka całkowitego i jego frakcji gamma-globulinowej, kwasów ślinowych, perdyn, β-lizyny i innych. [1, 2, 45, 148, 153, 225].

Poziom naturalnych sił obronnych ma tendencję do stopniowego wzrostu od narodzin cieląt do całkowitej stabilizacji w wieku dorosłym. Zmniejszona odporność jest najbardziej widoczna w pierwszym tygodniu życia, po przejściu na mleko ogólne i ciche karmienie. Można je zaobserwować w kolejnych zmianach diety i przegrupowaniach.

Naturalna stabilność organizmu jest w dużym stopniu uzależniona od warunków utrzymania i karmienia zwierząt. Jeśli są one korzystne, okresy te przebiegają bez gwałtownych wahań stanu odporności. W przeciwnym razie, są ostre krople. Do pojawienia się tych spadków przyczynia się również szereg sprzeczności gospodarczych. Takie okresy niedoboru odporności powikłane naruszeniem wymagań zoohigienicznych są klasyfikowane jako krytyczne okresy wzrostu [2, 30, 47, 49, 134, 168, 183].

Ze względu na to, że problem zachorowalności, zachowania i zmniejszenia wydajności cieląt w krytycznych okresach niedoboru odporności jest szczególnie pilny, wiele aspektów związanych z korygowaniem naturalnej odporności cieląt wymaga dalszych badań.

1.2. Wpływ warunków utrzymania na naturalną odporność i produktywność cieląt

Istnienie organizmu bez środowiska, które podtrzymuje jego życie, jest niemożliwe.

W przyrodzie zwierzęta są stale pod wpływem czynników zewnętrznych, ich organizm przystosowuje się do określonych warunków bytowania i poddaje się podstawowym prawom biologii - walce o byt i selekcji naturalnej (I.M. Sechenov, 1947) [130].

Technologie stosowane w przemysłowej produkcji zwierzęcej izolują zwierzęta od ich otoczenia. W takich warunkach zwierzęta są pozbawione aktywnych ruchów, pastwisk, nasłonecznienia i są trzymane w dużym zagęszczeniu na stosunkowo małych obszarach. Powietrze jest nasycone wilgocią, pyłami, mikroorganizmami i szkodliwymi gazami. Wszystko to prowadzi do wzrostu obciążeń funkcjonalnych, zaburzeń normalnego stanu fizjologicznego organizmu i metabolizmu, zmian w charakterze reakcji adaptacyjnych na bodźce zewnętrzne, wzrostu zjadliwości warunkowo chorobotwórczej mikroflory i w rezultacie do spadku naturalnej odporności i wydajności zwierząt, co prowadzi do pojawienia się chorób i w konsekwencji do pozaprodukcyjnego usuwania zwierząt. Szczególnie dotyczy to młodzieży, której naturalne mechanizmy ochrony nie zostały jeszcze w wystarczającym stopniu ukształtowane. W związku z tym efektywna intensyfikacja produkcji zwierzęcej jest możliwa tylko pod warunkiem stworzenia jak najpełniejszego fizjologicznie środowiska zwierząt, ich podejścia do warunków naturalnych [15, 74, 108, 141, 157, 226].

Spośród czynników zewnętrznych charakteryzujących warunki utrzymania i mających największy wpływ na stan fizjologiczny, naturalną odporność organizmu, zachorowalność i produktywność młodego bydła, szczególne znaczenie ma środowisko powietrzne [37].

Środowisko powietrzne jest złożonym zespołem wzajemnie powiązanych i oddziałujących na siebie czynników, które wpływają i reagują na organizm.

Zoohigieniczna wartość powietrza atmosferycznego wynika z jego udziału w procesach oddychania, wydalania i wymiany ciepła organizmu. Ostre zmiany we właściwościach fizycznych i składzie chemicznym powietrza, wykraczające poza granice jego zdolności adaptacyjnych, skażenie mikroorganizmami stają się czynnikami ryzyka, które mają negatywny wpływ na zdrowie zwierząt, powodując zmniejszenie wydajności i różne choroby. Jednocześnie, racjonalnie zmieniając właściwości środowiska powietrza w pomieszczeniach dla zwierząt, można wpływać na charakter reakcji organizmu i korygować je we właściwym kierunku, przydatnym dla człowieka, co ma duże znaczenie zootechniczne. Stan środowiska powietrza charakteryzuje się jego właściwościami fizycznymi, składem gazowym oraz mikrobiologicznym zanieczyszczeniem powietrza [23].

Stan fizyczny, właściwości chemiczne i biologiczne środowiska powietrza to czynniki, które są lotne i podlegają ciągłym wahaniom. Organizm zwierzęcia może dostosować się do tych zmian, ale tylko do pewnych granic. Istotne zmiany we właściwościach środowiska powietrza mogą przyczynić się do rozwoju różnych niekorzystnych procesów w organizmie, które zakłócają zdrowie zwierząt.

W pomieszczeniach, w których trzymane są zwierzęta gospodarskie, tworzy się specyficzne, charakterystyczne środowisko, które nazywane jest mikroklimatem [10].

Mikroklimat jest klimatem o ograniczonej przestrzeni. Mikroklimat ośrodka hodowli zwierząt rozumiany jest jako zespół czynników fizycznych, chemicznych i biologicznych środowiska powietrza ośrodka hodowli zwierząt.

Czynniki fizyczne obejmują: temperaturę, wilgotność, prędkość i kierunek ruchu powietrza, jego wyładowania elektryczne, zapylenie, hałas i oświetlenie. Czynniki chemiczne są spowodowane obecnością różnych gazów w powietrzu i ich stężeniem, czynniki biologiczne - obecnością i składem gatunkowym mikroflory powietrznej.

Tworzenie się mikroklimatu obiektu hodowlanego zależy od klimatu lokalnego, pory roku, warunków cieplno-wilgotnościowych obwiedni budynków, wentylacji i poziomu wymiany powietrza w obiekcie, ogrzewania, oświetlenia, usuwania obornika, a także od technologii utrzymania, zagęszczenia stanowisk, składu gatunkowego i wiekowego zwierząt, poziomu żywienia i wydajności, rutyny dziennej, stanu sanitarnego i wielu innych czynników [41, 57, 135, 146].

Wpływ mikroklimatu przejawia się poprzez całkowity wpływ jego czynników na stan fizjologiczny (wymiana gazowa, metabolizm, wymiana ciepła) i produktywność zwierząt. W wyniku niezadowalającego mikroklimatu w pomieszczeniach inwentarskich gospodarstwa rolne ponoszą wysokie straty z tytułu chorób, strat i spadku wydajności zwierząt, a także zwiększonych kosztów paszy na jednostkę produkcji. Należy podkreślić, że w niekorzystnych warunkach u zwierząt, a w szczególności u młodych zwierząt, naturalna odporność i reaktywność immunologiczna organizmu jest znacznie obniżona, co przyczynia się do powstawania różnych chorób zwierząt, cięższej formy choroby i komplikuje ich diagnozowanie. Niewłaściwy mikroklimat pomieszczeń dla zwierząt zmniejsza skuteczność terapeutyczną leków i efektywność ekonomiczną działań weterynaryjnych [11, 25, 37, 55, 117, 139, 172, 174].

Przyczynami niezadowalającego mikroklimatu w pomieszczeniach do hodowli młodego bydła są: wysokie zagęszczenie zwierząt, niska ochrona cieplna konstrukcji pomieszczeń (ściany, stropy, dach zespolony, podłogi, bramy, okna), niewystarczająca wymiana powietrza, słaba praca systemu usuwania obornika, niewystarczająca ilość i niska jakość stosowanej ściółki itp. W okresie zimna w pomieszczeniach dla zwierząt mogą powstawać niekorzystne warunki: ze względu na niską temperaturę i wysoką wilgotność powietrza, co prowadzi do zwiększenia wydajności cieplnej organizmu zwierzęcia i sprzyja hipotermii. W ciepłej porze roku, wysokie temperatury i wilgotność powietrza w pomieszczeniach powodują przegrzanie się zwierząt. W przypadku nieprzestrzegania zasad eksploatacji pomieszczeń, niedostatecznej wentylacji, naruszenia rozdziału powietrza i złego odprowadzania ścieków, znacznie wzrasta wilgotność powietrza, wzrasta stężenie dwutlenku węgla, amoniaku, siarkowodoru, a także ilość pyłu i mikroorganizmów w powietrzu. Aby ocenić wpływ mikroklimatu na organizm cielęcia, należy wziąć pod uwagę wartość zoohigieniczną poszczególnych czynników [24, 46, 51, 56, 69, 173].

Temperatura otoczenia ma duży wpływ na stan fizjologiczny, naturalną odporność i produktywność bydła. Dla każdego wieku zwierząt istnieją dopuszczalne granice odchyleń temperatury (strefa neutralna termicznie), których przekroczenie ma negatywny wpływ na ich aktywność życiową. Górny poziom temperatury powietrza w pomieszczeniach dla bydła wynosi + 25°C. Dolna granica temperatury dla dorosłych zwierząt wynosi +5°C, a dla cieląt - +12°C. Wynika to z faktu, że młode zwierzęta mają znacznie większą wymianę ciepła na jednostkę masy ciała niż dorosłe, ponieważ mają większą powierzchnię ciała na jednostkę masy. Niskie temperatury otoczenia prowadzą do hipotermii i przeziębień, zbyt wysokie temperatury prowadzą do hipertermii. To nie tyle niska temperatura jest niebezpieczna dla zdrowia zwierząt, zwłaszcza młodych, co jej ostre wahania [30,118, 215].

Ekspozycja na temperaturę jest nierozerwalnie związana z wilgocią, która zazwyczaj zwiększa wpływ temperatury poprzez zmianę procesów termoregulacji zwierząt. W miarę wzrostu wilgotności, przewodność cieplna powietrza wzrasta kilkakrotnie [81].

W. Hoffmann[188] wskazuje, że wysoka wilgotność względna (80 % i więcej) ma negatywny wpływ na organizm zarówno w wysokich jak i niskich temperaturach. W takich warunkach metabolizm zostaje zahamowany, zmniejsza się apetyt, pojawia się senność, zmniejsza się wydajność i odporność na choroby. Szczególnie niekorzystne jest połączenie wysokiej wilgotności i niskich temperatur.

Wilgotność powietrza ma zarówno bezpośredni, jak i pośredni wpływ na organizm zwierzęcia. Wysoka wilgotność otoczenia (od 85%) ma negatywny wpływ na wydajność cieplną zarówno w wysokich jak i niskich temperaturach. Bardzo wilgotne powietrze, w połączeniu z wysoką temperaturą i niską mobilnoscią, hamuje wymianę ciepła, co sprzyja przegrzewaniu się cieląt. W takich warunkach metabolizm zostaje zahamowany, zmniejsza się apetyt, pojawia się senność, zmniejsza się wydajność i odporność na choroby.

Przy dużej wilgotności występują przesunięcia w stanie fizjologicznym ciała, co natychmiast wpływa na naturalny opór organizmu. W takich warunkach wzrasta tętno i tempo oddychania zwierzęcia, zwiększa się liczba leukocytów we krwi, a zmniejsza zawartość hemoglobiny i czerwonych krwinek. Poziom aktywności bakteriobójczej surowicy i aktywności fagocytarnej leukocytów spada. Optymalna granica wilgotności względnej powietrza w pomieszczeniach do hodowli młodego bydła mieści się w granicach 40-75% [20, 150].

W warunkach Republiki Białoruś z jej wilgotnym klimatem, w pomieszczeniach dla zwierząt z niedostateczną wentylacją, zwłaszcza w zimie i w przejściowych okresach roku, może powstać mikroklimat o wilgotności powietrza przekraczającej 80%, przy braku ciepłego powietrza. W takich warunkach mechanizmy regulacji termicznej cieląt działają z dużym stresem, powodując osłabienie czynników komórkowych i humoralnych ochrony organizmu zwierząt, zwiększa się liczba chorób płuc. Ofiary śmiertelne i przymusowy ubój (nieprodukcyjny) cieląt w takich warunkach sięgają 15-20% [8, 115].

Negatywne zmiany w stanie fizjologicznym zwierząt wskazują wyniki badań V.S. Shipilova i V.K. Kopytina. Zauważyli oni, że gdy wilgotność jest wysoka, wzrasta tętno i tempo oddychania. Stwierdzono wzrost liczby leukocytów oraz spadek zawartości hemoglobiny i erytrocytów we krwi, co wskazuje na rozwój procesu patologicznego [162].

Spadek poziomu aktywności bakteriobójczej surowicy, aktywności fagocytarnej leukocytów, erytrocytów i hemoglobiny podczas trzymania cieląt w warunkach wysokiej wilgotności stwierdzili S.M. Lavrenov i V.G. Yekimov [72].

Oprócz temperatury i wilgotności, na regulację termiczną cieląt wpływa ruchliwość powietrza. Według V.I. Balanina, prędkość powietrza w pomieszczeniach dla zwierząt zależy od systemu i mocy wentylacji, metod dystrybucji powietrza, konstrukcji pomieszczeń i zagęszczenia zwierząt [5].

Duża prędkość ruchu powietrza w niskich temperaturach i wysokiej wilgotności powoduje gwałtowny wzrost wymiany ciepła, zwiększa intensywność przekazywania ciepła i chłodzenia powierzchni ciała, intensywność procesów metabolicznych, a w konsekwencji predysponuje do hipotermii, chorób układu oddechowego [11, 68, 159].

Zbyt niska prędkość powietrza jest również szkodliwa dla cieląt. Naruszenie wymiany powietrza i jego dystrybucji w pomieszczeniach dla zwierząt często prowadzi do powstania aerostazy, która charakteryzuje się pogorszeniem prawie wszystkich wskaźników mikroklimatycznych i jest jedną z przyczyn masowych chorób i marnotrawstwa młodych zwierząt. Stagnujące (aerostatyczne) powietrze wewnątrz pomieszczeń zmniejsza naturalną odporność organizmu i produktywność zwierząt [136, 137].

W pomieszczeniach zamkniętych przeznaczonych do hodowli młodego bydła skład gazowy otoczenia różni się znacznie od składu powietrza atmosferycznego. Zazwyczaj zawierają one mniej tlenu, więcej dwutlenku węgla i pary wodnej, a często mają stosunkowo wysokie stężenia amoniaku, siarkowodoru, gazów osłonowych i innych gazowych produktów gnicia i fermentacji materii organicznej. Największym zagrożeniem dla organizmu cieląt jest siarkowodór, amoniak. Wysoka zawartość tych gazów w powietrzu budynków inwentarskich powoduje podrażnienie błon śluzowych, co znacznie zwiększa ryzyko chorób układu oddechowego ze względu na zwiększoną przepuszczalność błon śluzowych dla mikroflory i osłabienie ich funkcji jako naturalnej bariery. Jednocześnie zachodzą istotne zmiany we krwi. Wysokie stężenia amoniaku są najczęściej odnotowywane u cieląt. Kontaktując się z hemoglobiną, przekłada ją na hematynę zasadową, powodując niedotlenienie łydek. Ponadto amoniak, drażniący błony śluzowe, prowadzi do ich zapalenia i otwiera "wrota infekcji". Maksymalne dopuszczalne wartości stężenia amoniaku u cieląt wynoszą 10 - 15 mg/m3 [54, 67, 50, 104, 191, 211].

Wraz z różnymi gazami w powietrzu cieląt gromadzi się pył i duża liczba różnych bakterii, wirusów, grzybów i innych mikroorganizmów, w tym patogenów. Ich akumulację ułatwia unoszący się w powietrzu pył, a więc istnieje bezpośredni związek pomiędzy zanieczyszczeniem powietrza przez drobnoustroje a zapyleniem. Zarazki uwalniają się do powietrza podczas kaszlu, kichania, wciągania i wraz z wysiękiem wydzielają się chore zwierzęta [18, 21, 69, 186].

Staphylococcus, tubercle bacillus, mascara i tężcowa bacillus, blue-nose bacillus itp. były wielokrotnie izolowane od mikroorganizmów chorobotwórczych w powietrzu w pomieszczeniach dla zwierząt. [30, 103].

Wpływ pyłu na układ oddechowy zależy od pochodzenia, ilości, toksyczności i wielkości cząstek pyłu. Najbardziej niebezpieczne są cząsteczki kurzu o wielkości do 5 mikronów, które mogą przenikać do pęcherzyków płucnych i mieć mechaniczny wpływ na błonę śluzową, co jest czynnikiem predysponującym do rozwoju chorób układu oddechowego. Pył jest głównym źródłem transportu różnych zarazków, wirusów, grzybów, zarodników, itp. Im więcej kurzu, tym więcej zarazków w powietrzu. Należy wziąć pod uwagę, że niektóre substancje tworzące pył (cząsteczki pleśni, włókna roślinne, pyłki roślinne, odczynniki chemiczne itp.) mogą powodować ciężką reakcję alergiczną organizmu cieląt [67].

Według danych V.P. Shishkov i V.S. Shipilov, przy zawartości pyłu w powietrzu od 0,6 do 6,0 mg/m3, zwierzęta doświadczalne odruchowo rozwinęły oddychanie powierzchniowe, objętość wentylacji płuc zmniejszyła się o 7,2%, a zużycie tlenu spadło o 3,4%. Stopień szkodliwego oddziaływania pyłu zależy od jego ilości w 1 m3 powietrza, wielkości cząstek pyłu, ich kształtu, rozpuszczalności i właściwości toksycznych [163].

W związku z tym wpływ środowiska powietrza na organizm cielęcia powinien być rozpatrywany w sposób kompleksowy w nierozerwalnym powiązaniu z wszystkimi jego czynnikami.

Metody i technologie chowu młodych dużych zwierząt rogatych określają jakość powietrza w otoczeniu cieląt, higienę karmienia, chowu i opieki nad zwierzętami. Ze względu na fakt, że każdy wiek zwierząt charakteryzuje się indywidualnymi cechami anatomicznymi i fizjologicznymi, istnieje potrzeba pewnego podejścia do wyboru sposobów ich utrzymania w różnych okresach. Cielęta są szczególnie ważne we wczesnym okresie poporodowym i pierwszych miesiącach życia - okresie kształtowania się naturalnej odporności i reaktywności immunologicznej organizmu [65, 77, 128, 132, 155, 166, 189, 200].

W.I. Szlichtunow, A.F. Trofimow, A.A. Music, Borchert E., Kaufmann K. i wielu innych naukowców w naszym kraju i za granicą uważa, że wczesne odsadzenie i zastąpienie mleka pełnego substytutami mieszanki w żywieniu cieląt nie zapewnia pozytywnej dynamiki tworzenia się mechanizmów naturalnej ochrony organizmu i normalnego rozwoju fizjologicznego zwierząt. Wyłączenie mleka pełnego z diety jest jednym z istotnych czynników predysponujących do pojawienia się chorób cieląt okresu mleczarskiego, według V.S. Prudnikova i V.S. Taranovicha [7, 112, 143, 166, 181, 190, 199].

Według danych badawczych uzyskanych przez T. Sruba, R. Zieminski, najlepszym sposobem na utrzymanie cieląt po urodzeniu w celu zaspokojenia fizjologicznych potrzeb organizmu jest utrzymanie cieląt pod karmidłami. W ich doświadczeniach średni dzienny przyrost cieląt przekraczał kontrolę o 8-23%, było mniej zachorowań i większe bezpieczeństwo niż w przypadku utrzymania cieląt w technologii przemysłowej. Podobne wyniki uzyskali E.K. Kokorina, L.Y. Ivanova i V.S. Yarmak. W ich doświadczeniach z utrzymaniem cieląt w pierwszych dniach na odstawie, a następnie w klinikach profilaktycznych sekcji, naturalna odporność organizmu wzrosła, a zachorowalność cieląt w okresie profilaktycznym zmniejszyła się [59, 171, 210].

D. Wagner zwraca uwagę, że trzymanie cieląt w wąskich komórkach powyżej 30 dni jest niecelowe, ponieważ prowadzi do zaburzenia biorytmów zwierzęcych i prowadzi do warunków stresujących, zwłaszcza gdy są trzymane poniżej 2-3 miesiąca życia. Zmniejsza to czynniki humoralne naturalnej ochrony organizmu, nasycenie czerwonych krwinek hemoglobiną i inne biochemiczne wskaźniki krwi. W wyniku hipodynamiki zwiększa się zachorowalność cieląt i zmniejsza przyrost masy ciała [212].

Negatywny wpływ na wzrost i rozwój cieląt przy długotrwałym utrzymaniu poszczególnych komórek potwierdzają dane uzyskane przez J. J.. Santha, ja. Czako i L. J. Fisher, G. B. Peterson, S. E. Jones. Stwierdzili, że trzymanie cieląt poniżej 3 miesiąca życia w poszczególnych komórkach narusza wzrost i prawidłowe tworzenie się tkanek podporowych oraz metabolizm mineralny. Istnieje duża liczba samooczyszczania się i lizania okolicznych obiektów [187, 208].

Po okresie profilaktycznym nowo narodzone cielęta są przenoszone do kurników, gdzie są trzymane do 4-6 miesiąca życia lub wysyłane do hodowli i tuczu do kompleksów przemysłowych. Cielęta powinny mieć zapewnione warunki, które najlepiej odpowiadają biologicznym potrzebom cielęcia, zapewniają hodowlę zdrowych zwierząt odpornych na niekorzystne czynniki zewnętrzne, jak również na choroby. Cztery najczęstsze sposoby utrzymania cieląt w okresie mleczarskim są w pojedynczych komórkach, grupie komórek, niezwiązane i uwiązane. W metodach utrzymania grupowego ważnym punktem jest prawidłowy dobór cieląt do grup. Powinny one być jednorodne pod względem wieku, masy ciała i płci, należy również wziąć pod uwagę stopień dojrzałości fizjologicznej cieląt. Hodowla grupowa jest bardziej zgodna z biologiczną naturą bydła (jako zwierzęcia stadnego). W przypadku nie wiązanej hodowli cieląt bardziej aktywnych, koszty pracy przy ich utrzymaniu są znacznie niższe niż w przypadku pojedynczych cieląt. W przypadku nieregularnego utrzymywania młodego bydła w warunkach kompleksów przemysłowych hierarchia zwierząt jest ostrzejsza, obserwuje się zaburzenia funkcji układu nerwowego i zachowania [93, 107, 144].

Trzymanie cieląt do 3 - 6 miesiąca życia stwarza dobre warunki komfortu dla zwierząt, przyczyniając się do ich spokojnego wypoczynku, a co za tym idzie, zwiększonej intensywności wzrostu. Jednak z powodu ograniczonego ruchu zwierzęta mogą mieć negatywne konsekwencje w postaci hipodynamiki, osłabienia układu mięśniowo-szkieletowego, zaburzeń metabolicznych i zmniejszenia naturalnego oporu organizmu [43, 73, 165].

Stan naturalnej odporności cieląt przy różnych technologiach utrzymania badali S.I. Plashchenko, A.F. Trofimov i V.G. Kolomoets. Zwierzęta kontrolne były trzymane w typowym pomieszczeniu z chodzeniem po obiekcie, podczas gdy osoby badane były trzymane w kompleksie bez chodzenia. Zawartość chodu cieląt zwiększyła wskaźnik leukocytów fagocytowych o 13,3%, aktywność bakteriobójczą surowicy krwi o 3,3%, a aktywność lizozymu o 4,2%, co zmniejszyło chorobowość cieląt o 20% i zwiększyło intensywność wzrostu o 9,5% [116].

Badania nad określeniem wpływu sposobów utrzymania młodego bydła dużego rogatego na wskaźniki immunobiologiczne i fizjologiczne organizmu przeprowadzili A.T. Semenyuta, I.K. Kolesnikov i I.D. Fesenko. Według ich danych aktywność fagocytarna leukocytów zmniejszyła się o 30,7-28,2% u zwierząt trzymanych bez ruchu, w porównaniu z cielętami, które korzystały z codziennych spacerów w zagrodzie i miały swobodny dostęp do paszy [127].

Środowisko powietrzne i sposoby hodowli mają więc duże znaczenie zoogeniczne i mają znaczący wpływ na stan fizjologiczny, poziom naturalnej odporności organizmu, zachorowalność i produktywność młodego bydła.

1.3 Aspekty higieniczne karmienia młodego bydła podczas chowu i tuczu

***Karmienie* jest** jednym z najważniejszych czynników środowiska zewnętrznego, który decyduje o poziomie naturalnych sił ochronnych organizmu i wydajności młodego bydła [1, 43, 44, 102, 156].

Główna produkcja wołowiny na Białorusi opiera się na hodowli i tuczu młodych zwierząt pochodzących od krów mlecznych. Specjalistyczna hodowla bydła wołowego stanowi około 0,2% całkowitej produkcji wołowiny. Głównym warunkiem pomyślnej hodowli i żywienia młodego bydła jest dość obfite, biologicznie kompletne i dobrze zbilansowane żywienie. Odpowiednia jakość i bezpieczeństwo stosowanej paszy jest sprawą najwyższej wagi. Technologie produkcji wołowiny tradycyjnie stosowane w republice pod względem zoologicznym i technologicznym można połączyć w trzy grupy: pierwsza - technologia z pełnym cyklem produkcyjnym, obejmującym hodowlę cieląt i karmienie młodych zwierząt w wieku do 14-18 miesięcy; druga - technologia uprawy w połączeniu z intensywnym tuczem; trzecia - technologia intensywnego tuczu młodych i dorosłych zwierząt. W zależności od przyjętej technologii, przychodzące bydło powinno odpowiadać parametrom technologicznym (żywa waga, płeć, wiek) podanym przez odpowiedni cyklogram

[30, 42, 68, 108].

W kompleksach przemysłowych przy uprawie i tuczu młodego bydła czas trwania pełnego cyklu produkcyjnego wynosi 480 dni (16 miesięcy). Pierwszy okres - 130 dni - podzielony jest na dwie fazy: pierwsza (mleko) - 70 dni, druga (po mleku) - 60 dni. Drugi okres to wegetacja i tuczenie - 350 dni, w tym wegetacja i tuczenie - 175 dni. Głównymi paszami w okresie mleczarskim są: mleko. mieszanki mleka w proszku i mieszanki paszowe. Stopniowo cielęta przyzwyczajają się do spożywania obszernych pasz roślinnych, podają suplementy mineralne. Wszystkie pasze ustawiane są oddzielnie, mleko i pasze mieszane - znormalizowane, objętościowe - na jedzenie. Program karmienia zmienia się stopniowo, bez gwałtownej zmiany karmy co 7 dni. W okresie po dojrzewaniu zwierzęta są przekazywane tylko do pokarmów roślinnych - siana, sianokiszonki, kiszonki, warzyw korzeniowych i koncentratów. Karmienie ich jako mieszanki paszowej. Specjalne pasze można w razie potrzeby zastąpić dobrze rozdrobnioną owsianką oraz kompletną mieszanką koncentratów, w tym dodatków mineralnych i premiksów. W okresie letnim stosuje się zieloną paszę. Ilość i jakość pasz roślinnych w tym okresie decyduje o intensywności wzrostu i wydajności młodych roślin. Okres intensywnego wzrostu (rozszerzenia) determinuje późniejszą wydajność mięsną zwierząt. Karmienie odbywa się tanimi paszami objętościowymi o ekonomicznym zużyciu koncentratów - 20-30 % według składników odżywczych. Wszystkie pasze są podawane w postaci mieszanek paszowych. Szczególną uwagę zwraca się na spójność (jednolitość) i integralność biologiczną karmienia. Przenoszenie zwierząt na inną dietę powinno odbywać się ostrożnie i stopniowo. W końcowym okresie tuczu celem jest uzyskanie maksymalnego możliwego przyrostu żywej wagi poprzez zwiększenie poziomu żywienia i zwiększenie ciężaru właściwego koncentratów (do 50% składników odżywczych diety). Spożycie koncentratu można jednak zmniejszyć poprzez stosowanie wysokiej jakości siana, sianokiszonki, kiszonki, mąki ziołowej lub krojenia [121, 141, 158].

Dla każdego okresu technologicznego istnieje określony system karmienia. W celu uzyskania planowanego dziennego średniego wzrostu i żywej wagi do końca każdego okresu technologicznego, żywienie powinno być zorganizowane zgodnie z programem wzrostu i rozwoju. Rodzaj żywienia w kompleksach i gospodarstwach specjalistycznych zimą powinien być - siano i koncentraty kiszonkowe, latem - z włączeniem pasz zielonych. Do karmienia cieląt w pierwszej fazie wzrostu konieczne jest stosowanie mieszanek paszowych. W przypadku braku pasz mieszanych KR-1 do uprawy młodych zwierząt dopuszcza się stosowanie mieszanki zbożowej. Sposób żywienia młodego bydła w hodowli i tuczu zależy od wieku zwierząt. W wieku cieląt poniżej 3 miesięcy powinno być co najmniej 0,35 m, po 3-6 miesiącach - 0,40 m, po

6-9 miesiącach - 0,5 m, po 9-15 miesiącach - 0,6 m, po 15-18 miesiącach - 0,70 m. Do produkcji korytek i napojów należy używać gęstych, wodoodpornych i przyjaznych dla zwierząt materiałów, które są łatwe do czyszczenia, dezynfekcji i zapewniają gładką strukturę powierzchni. W dnie podajnika musi znajdować się otwór na spływ cieczy po dezynfekcji i umyciu. Zwierzęta powinny być stale zaopatrywane w dobrej jakości wodę pitną, zapewniać czystą wodę pitną [99, 104].

Dla wszystkich rodzajów i okresów technologicznych chowu i tuczu młodego bydła konieczne jest stosowanie w jak największym stopniu paszy podstawowej. Na początku tuczu zwierzęta są zazwyczaj mniej wybredne. Zużycie koncentratów w tym czasie jest niskie. Gdy się tuczą i są bardziej odżywcze, ich apetyt jest zmniejszony, ich główne jedzenie jest spożywane, a mniej smaczne jedzenie jest spożywane gorzej. W związku z tym konieczne jest zmniejszenie udziału pasz podstawowych oraz karmienie większą ilością koncentratów i siana, a także zróżnicowanie diety poprzez wprowadzenie nowych pasz. Używana pasza musi być bezpieczna. Szczególną uwagę należy zwrócić na jakość pasz produkowanych w gospodarstwach [107, 165].

W kompleksach przemysłowych zwierzęta znajdują się w warunkach znacznej izolacji od natury, a pasza na długi czas staje się jednym z ogniw łączących je ze środowiskiem naturalnym. Dlatego przestrzeganie wymogów higieny karmienia, a przede wszystkim zapewnienie kompletności diety jest niezwykle ważne. Wiadomo, że do zapewnienia normalnego funkcjonowania zwierząt potrzebnych jest około 80 składników odżywczych i pierwiastków. Niektóre z nich są syntetyzowane w trzustce i jednocześnie co najmniej 25 powinno być dostarczanych z paszą, której brak powinien być zrekompensowany poprzez wprowadzenie odpowiednich dodatków paszowych do diety [43, 44, 108].

Zoohigieniczne znaczenie prawidłowego żywienia młodego bydła wzrasta szczególnie w krytycznych okresach niedoboru odporności, na przykład przy zmianie diety i przegrupowaniu. Okresy te charakteryzują się spadkiem naturalnej odporności organizmu prowadzącym do chorób i śmierci zwierząt [1, 50, 134].

Liczne badania z zakresu higieny zoo i żywienia zwierząt użytkowych wykazały, że wprowadzenie do diety substancji biologicznie czynnych, w tym witamin, probiotyków, prebiotyków itp., stymuluje naturalną odporność organizmu, zwiększając jednocześnie przyrost masy ciała. Problem pełnego i zdrowego żywienia cieląt pozostaje jednym z najważniejszych problemów, z jakimi borykała się dotychczas hodowla zwierząt. Pasze powinny nie tylko dostarczać organizmowi żywemu energii i materiału plastycznego, ale także przyczyniać się do zachowania zdrowia i zmniejszać ryzyko chorób [42, 95, 96, 98, 170].

Badania przeprowadzone przez S.N. Chokhrin wykazały, że pasza i karmienie wpływają przede wszystkim na układ trawienny zwierząt bezpośrednio związany z przetwarzaniem i asymilacją paszy, następnie na organy i układy, które są związane z wykorzystaniem składników odżywczych, a ostatecznie na cały organizm zwierzęcia [154].

Zapewnienie młodemu bydłu odpowiedniego poziomu żywienia, zbilansowanie diety na wszystkich niezbędnych składnikach, w tym substancjach biologicznie czynnych, zwłaszcza w pierwszych okresach wzrostu, jest obowiązkowym warunkiem wysokiego poziomu naturalnej odporności organizmu i zapobiegania chorobom cieląt [16, 80, 175, 192].

Dieta cieląt musi być odpowiednia pod względem odżywczym i biologicznym, tzn. zawierać optymalną ilość białka, tłuszczu, cukru, błonnika, makro- i mikroelementów oraz witamin zgodnie z zalecanymi normami. W przypadku cieląt należy stosować specjalne programy karmienia od urodzenia do 6 miesiąca życia, które powinny zapewniać spożycie paszy niezbędne dla rozwoju zwierząt. W okresie mleczarskim dieta powinna być ściśle kontrolowana pod względem zawartości białka, tłuszczu i węglowodanów. Zapotrzebowanie na białko strawne w pierwszych trzech miesiącach uprawy powinno zawierać się w przedziale 120 - 130 g, w okresie uprawy od czterech do sześciu miesięcy - 105 - 107 g, zapotrzebowanie na cukier odpowiednio 15,0 -16,5 i 8,0 9,5%, błonnik - 6 - 12 i 14 - 16% suchej masy z diety. Stosunek białek cukrowych jest uważany za optymalny, gdy wynosi 0,8 do 1, a stosunek skrobi do cukru wynosi 1,4 do 1,5:1 [62, 158].

W diecie cieląt w wieku od czterech do sześciu miesięcy konieczne jest stosowanie pasz mieszanych zawierających szeroką gamę pasz zbożowych (kukurydza, pszenica, owies, otręby pszenne), dodatków białkowych (drożdże paszowe, makuchy i śruta słonecznikowa i lniana), dodatków mineralnych (kreda, sól, mączka kostna). Latem, zamiast siana, kiszonki i roślin okopowych stosowanych w diecie zimowej, należy podawać zielone masy. W pierwszym miesiącu życia cielęta muszą przyzwyczaić się do jedzenia zielonych pasz; w drugim miesiącu życia mogą spożywać 75 - 145 kg zielonej wagi, w trzecim - około 190, w czwartym - 310 - 320, w piątym - 430 - 465, w szóstym - 530 - 560 kg. Pobór paszy w okresie mleczarskim jest bardzo zróżnicowany w zależności od młodych planów wzrostu, warunków żywienia i utrzymania [86, 165].

Stan naturalnej odporności organizmu cieląt i dynamika tworzenia się reaktywności immunobiologicznej są bezpośrednio zależne od kompletności żywienia, a w szczególności od zaopatrzenia w różne substancje biologicznie czynne [17, 31, 34, 179, 214].

Biologicznie czynne substancje wstrzykiwane zwierzętom wraz z paszą lub wodą pomagają zwiększyć naturalną odporność organizmu, zwiększyć produktywność i zmniejszyć zachorowalność zwierząt. Stosowanie substancji biologicznie czynnych jako środków zwiększających odporność i produktywność zwierząt jest najważniejszym zadaniem współczesnej hodowli bydła, zwłaszcza ma znaczenie w przemysłowej technologii utrzymania zwierząt [40, 122, 207].

Badania naukowców krajowych i zagranicznych wykazały, że kompletność i równowagę diety można osiągnąć poprzez wzbogacanie jej o dodatki paszowe zawierające substancje biologicznie czynne. Dodatki paszowe są organicznymi lub mineralnymi związkami pochodzenia naturalnego lub otrzymanymi w wyniku syntezy chemicznej, których głównym celem jest zbilansowanie podstawowej diety energetycznej, białkowej, składników mineralnych, witamin, enzymów, probiotyków, prebiotyków i innych biologicznie czynnych substancji niezbędnych dla organizmu, stymulujących procesy fizjologiczne w organizmie zwierząt [3, 28, 71, 79, 119, 147, 185, 196, 209].

Ze względu na fakt, że terytorium Republiki Białoruś jest biogeoprovodniya, z obniżoną zawartością w glebie, a później w paszy minerałów niezbędnych dla organizmu zwierząt, szczególne znaczenie dla życia cieląt ma zapewnienie diety z niezbędnymi makro- i mikroelementami. Znaczenie minerałów w żywieniu bydła jest niezwykle duże. Są one niezbędne do budowy szkieletu, regulacji ciśnienia osmotycznego i utrzymania równowagi kwasowo-zasadowej w organizmie. Każda żywa komórka zawiera minerały w postaci roztworów lub w składzie związków organicznych, mają one pewien wpływ na wchłanianie i przyswajanie składników odżywczych z przewodu pokarmowego, serca, mięśni, układu hormonalnego i nerwowego, neutralizują szkodliwe produkty przemiany materii lub trucizny, które dostały się do organizmu [60, 61, 85, 102, 152, 158, 194, 197].

O wartości zoohigienicznej żywienia mineralnego zwierząt decyduje funkcja poszczególnych makro- i mikroelementów wprowadzanych do organizmu. Sole wapnia w osoczu przyczyniają się do powstawania fibryny z fibrynogenu. Wapń aktywuje enzymy: protrombokinazę, lipazę, lecytynnozę, trójfosfatazę aktomiozyno-sinadenozynową, fosfoglukomutazę i uczestniczy w regulacji aktywności mięśni i układu nerwowego, stabilizuje trypsynę i hamuje funkcję enolazy, pozytywnie wpływa na aktywność dopełniacza. Wymiana wapnia jest związana z wymianą innych minerałów: fosforu, magnezu, cynku, potasu i żelaza, które również biorą udział w przemianie materii [30, 152].

Fosfor jest składnikiem białek i lipidów. Jest składnikiem związków fosforoorganicznych i bierze udział we wszystkich procesach metabolicznych. Potas bierze czynny udział w regulacji ciśnienia osmotycznego w płynach ustrojowych, pobudzeniu tkanki nerwowej i mięśniowej, normalizuje pracę serca, poprawia strawność i metabolizm składników odżywczych. Sód odgrywa wiodącą rolę w utrzymaniu ciśnienia osmotycznego w płynach komórkowych i równowagi kwasowo-zasadowej organizmu. Wraz z potasem utrzymuje prawidłową aktywność mięśnia sercowego, bierze udział w procesach pobudliwości nerwowo-mięśniowej. Magnez aktywuje prawie wszystkie enzymy przenoszące grupy fosforanowe w reakcjach metabolicznych; pomaga utrzymać prawidłową równowagę kwasowo-zasadową i ciśnienie osmotyczne w płynach i tkankach; zapewnia zdolność funkcjonalną układu nerwowo-mięśniowego; uczestniczy w termoregulacji; aktywuje jelita, trzustkę i wzmaga działanie trypsyny; uczestniczy w syntezie białek i innych substancji [92].

Siarka poprawia trawienie celulozy i wspomaga biosyntezę witamin z grupy B. Żelazo jest składnikiem białek, z których najważniejsze to hemoglobina krwi (60-70%), mioglobina mięśniowa (3-5%), transferyna osocza, ferrytyna i niektóre enzymy (katalaza, peroksydaza, cytochromoksydaza, itp.). Żelazo odgrywa ważną rolę w procesach oddychania tkanek i odżywiania. Brak żelaza w paszy prowadzi do rozwoju anemii pokarmowej. Miedź jest aktywnie zaangażowana w procesy utleniania, hemopoezę, syntezę hemoglobiny i inne funkcje życiowe. Cynk bierze udział w metabolizmie białek, tłuszczów i węglowodanów. Jako część enzymu oddechowego karboanhydraza, przyspiesza rozkład dwutlenku węgla, aktywuje syntezę insuliny trzustki, ma pozytywny wpływ na tworzenie kości, funkcję wydzielniczą gruczołów. Selen ma działanie antyoksydacyjne, wspomaga reaktywność immunologiczną organizmu, reguluje przemianę węglowodanów, tłuszczu, wody i minerałów. Kobalt aktywuje enzymy hydrolityczne, zwiększa syntezę kwasów nukleinowych i białek mięśniowych, a w obecności żelaza i miedzi, kobalt zwiększa funkcję układu krwiotwórczego jako część witaminy B12. Jod zawarty jest w hormonach tarczycy, zapewniając ich fizjologiczną aktywność. Jego niedobór hamuje powstawanie tyroksyny, co powoduje ograniczenie procesów utleniania, wymiany białek i gazów, produktywności zwierząt i wzrostu młodych zwierząt [82, 84, 158].

Wiele z pierwiastków śladowych zaczyna wykazywać swoje biologiczne działanie zanim wejdą do krwiobiegu. Pod ich wpływem aktywowana jest mikroflora żyjąca w przewodzie pokarmowym. Tak więc, po dodaniu kobaltu, liczba mikroorganizmów w bliznach przeżuwaczy może wzrosnąć siedmiokrotnie. Fluor jest głównie osadzany w kości i zębach. Uczestniczy w metabolizmie fosforu i wapnia, gdy szkielet rośnie, zapobiega próchnicy zębów w normalnych dawkach i sprzyja gojeniu się złamań kości. Ma to wpływ na metabolizm jodu w organizmie [50, 114, 198, 201, 206].

Molibden odgrywa aktywną rolę w procesach utleniania, przyspiesza metabolizm azotu, metabolizm węglowodanów i lipidów, reaktywność immunobiologiczną organizmu. Mangan usprawnia procesy utleniania, zużycie tlenu, syntezę glikogenu, zwiększa wydalanie azotu całkowitego i mocznika w moczu, zmniejsza uwalnianie się chlorków. Jest niezbędny w hematopoezie (zwłaszcza w połączeniu z żelazem, miedzią i kobaltem), bierze udział w oddychaniu tkanek, ma wpływ na metabolizm węglowodanów i tłuszczów, przedłuża działanie witamin (A, E, B1, B6, C itd.), aktywuje szereg enzymów (tiaminaza, arginaza, dezoksyrybonukleaza itd.). Mangan ma korzystny wpływ na wzrost i rozwój młodych zwierząt, wpływając na ich rozwój seksualny i rozmnażanie. Jego niedobór w diecie może prowadzić do zaniku jąder u samców i samic do zmniejszenia aktywności jajników. Nadmiar manganu w paszach zmniejsza zużycie jodu, siarki, miedzi, fosforu, wapnia i chloru u zwierząt, ma negatywny wpływ na wzrost, obniża poziom hemoglobiny [14, 101, 161].

Obecnie wiadomo, że wiele dodatków paszowych zawiera różne ilości składników mineralnych o różnym stopniu ich asymilacji przez organizm zwierzęcia. Przy hodowli i tuczu młodego bydła wprowadza się je w ilości 4% masy w mieszankach paszowych KR-1, KR-2, KR-3, w mieszankach z mąką, kiszonką, sianokiszonką. Możliwe jest również karmienie w czystej wodzie ze specjalnych korytek z wolnym dostępem dla zwierząt w ilości 50-70 g na 100 kg żywej wagi, niezależnie od rodzaju diety i wieku zwierząt. Większość powszechnie stosowanych dodatków mineralnych jest produkowana za granicą lub na bazie importowanych składników. Ich wysoka cena znacznie obniża rentowność hodowli bydła wołowego. Jednocześnie niektórzy naukowcy wskazują na możliwość rozwiązania tego problemu poprzez wykorzystanie naturalnych minerałów jako dodatków paszowych dla zwierząt gospodarskich. Jednak oprócz masy zalet, naturalne dodatki paszowe (zeolity, bentonity, węgle, humany, torf, saponit, glaukonit, krata, kreda pastewna, wapień, popiół drzewny, torf sphagnum itp. mają szereg wad. Mogą one zawierać sole metali ciężkich i inne substancje szkodliwe dla organizmu, dlatego też powinny być stosowane w diecie młodego bydła dopiero po dokładnym zbadaniu ich składu i właściwości [29, 52, 58, 69, 70, 76, 84, 133].

Jako suplement wapnia zwierzęta karmione są kredą pastewną, wapieniem, muszlą, okrzemkiem, bischofitem, marglem, trawertynem, sapropel, mułem morskim i innymi naturalnymi środkami [69].

Bishophyt jest super silną solanką bromowo-chlorkowo-magnezową z różnymi cennymi pierwiastkami śladowymi powstającymi w basenach artezyjskich. Jego zasoby zostały odkryte podczas poszukiwań ropy naftowej i gazu. W skład bizofitu wchodzą: siarczek wapnia, chlorek sodu i potasu, związki molibdenu i bromu, szereg pierwiastków śladowych. Kreda paszowa jest reprezentowana przez dwutlenek węgla - wapń, stosowany jako dodatek w postaci drobno zmielonej. Zawiera on średnio 37% wapnia, 0,18% fosforu, około 0,5% potasu, 0,3% sodu i nie więcej niż 5% krzemu i innych pierwiastków. Popiół drzewny może również służyć jako nawóz mineralny. Zawiera wapń, sód, potas, magnez, fosfor i pierwiastki śladowe. Skład chemiczny drewna jesionowego zależy od rodzaju roślinności. Na przykład popiół brzozowy zawiera (%): wapń - 22,4, mangan - 4,7, fosfor - 2,2, żelazo - 0,8, cynk - 0,5, kobalt - 0,3, miedź - 0,04, jod - 0,03. Węgiel drzewny ma również bogaty skład mineralny i jest doskonałym adsorbentem [82, 125].

Zeolity i bentonity mają podobny skład i właściwości. Posiadają one właściwości sorpcyjne, wysoki stopień dyspersji, zdolność do wymiany jonowej, wysoką wilgotność. Skład mineralny gliny bentonitowej, w skład której wchodzi wapń, mangan, cynk, miedź i inne pierwiastki, jest czynnikiem wzmacniającym i lepiej mineralizującym szkielet, przyczyniającym się do bardziej intensywnego wzrostu młodych osobników. Wprowadzenie 1% bentonitu do diety młodego bydła przyczyniło się do wzrostu o 5,9% przy 6% spadku zużycia paszy na jednostkę wzrostu [53, 66, 76, 111, 120, 126].

Podobne wyniki uzyskano przy wprowadzaniu hydrohumatów do diety zwierzęcej. Stymulujące działanie na układ odpornościowy cieląt hydrohumatycznych pochodzących z węgla brunatnego i torfu zostało ustalone. Mechanizm działania humatów na organizm zwierząt nie został wystarczająco zbadany. Zakłada się, że wnikając do przewodu pokarmowego normalizują procesy trawienia, poprawiają wchłanianie substancji odżywczych. Kwas humusowy, wprowadzany do organizmu, wzmaga procesy bioenergetyczne na poziomie komórkowym, stymulując tym samym przemianę materii [36].

Białoruś posiada znaczne rezerwy torfu wierzchołkowego sphagnum, którego stopień rozkładu nie przekracza 20%. Oprócz substancji organicznych przeważających w jego składzie, zawiera sole wapnia, fosforu, żelaza, a także pierwiastki śladowe, takie jak cynk, miedź, molibden, mangan, kobalt. Pozwala to uznać torf sphagnum za źródło pożywienia mineralnego dla zwierząt. Interesującym składem do wykorzystania jako dodatek paszowy dla cieląt jest sapropel - osad zbiornikowy świeżej wody [27].

Sapropel - to złoża geologiczne, których materiałem źródłowym są rośliny wodne i szczątki zwierzęce w połączeniu z importowanymi z lądu resztkami tkanki roślin wyższych, pyłkami, piaskiem, gliną, a także roztworami różnych minerałów. Badania nad sapropelą jako paszą dla zwierząt hodowlanych rozpoczęły się w latach 30. XX wieku przez I.T. Skoryka. Żywiono go zarówno w czystej postaci (przy naturalnej wilgotności powietrza do 90%, mrożony, suszony przez naturalne suszenie i mielony na mąkę), jak i w mieszankach z innymi paszami. Obecnie uważa się, że lepiej jest stosować sapropeliczne dodatki paszowe w postaci świeżej, w ilości odpowiadającej potrzebom zwierząt w minerałach [**Error! Reference source not found.** , 97, 109, 131].

Według badań przeprowadzonych przez S.M. Podjablonsky'ego, N.A. Noseenko i V.T. Kolyuzhny'ego, wprowadzenie sapropelu jako dodatku paszowego do diety młodego bydła pozwala na zwiększenie przyrostu żywej wagi o 12-17% i poprawę bezpieczeństwa cieląt o 11,3% [111].

Dobre wyniki uzyskali białoruscy uczeni W.A. Miedwiediewski, W.I. Bezubow, W.I. Schebetok, M.W. Rubina, N.A. Sadomow itp. przy zastosowaniu jako dodatków paszowych zwiększających poziom naturalnych sił ochronnych organizmu i produktywność zwierząt gospodarskich, takich kompleksów naturalno-mineralnych jak spalona czerwona glina i drżenie [9, 85].

Obiecującym naturalnym mineralnym dodatkiem paszowym dla cieląt jest dolomit, którego najbogatsze złoża znajdują się w okolicach Witebska. Dolomit, jest drobnym proszkiem i dlatego jest technologicznie zaawansowany w stosowaniu jako dodatek paszowy. Jest mało toksyczny, ma właściwości sorpcyjne, zawiera duże ilości wapnia, magnezu i miedzi, może być stosowany do zrównoważenia diety zwierząt na tych minerałów. Wszystko to, wraz ze stosunkowo niskimi kosztami, stwarza warunek wstępny dla dalszych badań i wprowadzenia do produkcji jako dodatku paszowego dla młodego bydła [33, 38, 39].

Systematyczne stosowanie dodatków paszowych w hodowli i tuczu młodego bydła nie tylko pozwala na wyrównanie braku energii i substancji plastycznych w organizmie, ale ma również wpływ regulacyjny na funkcje fizjologiczne i reakcje biochemiczne. Ich zastosowanie może znacząco zmienić metabolizm, skoordynować procesy fizjologiczne, zwiększyć naturalną odporność organizmu i stan immunologiczny zwierząt, aby zapobiec wielu chorobom, a ostatecznie znacznie zwiększyć produktywność zwierząt [55, 58,123].

Dodatki zapachowe, aromatyczne i zakwaszające 1.4.

Jedną z potencjalnych rezerw dla zwiększenia odporności i wydajności młodego bydła podczas hodowli i tuczu jest stosowanie dodatków smakowych. Ostatnio drukowanych jest coraz więcej materiałów, które wprowadzają do diety zwierzęcej substancje poprawiające smak i właściwości aromatyczne pasz. Przyjemny smak i zapach wpływają na ośrodki regulujące spożycie paszy, co sprawia, że aktywność ośrodka głodowego jest dominująca. W wielu przypadkach ustalono, że dzięki zastosowaniu dodatków smakowych i aromatycznych możliwe jest znaczne zwiększenie przyrostu żywej wagi [87].

Obecnie dodatki smakowe są już szeroko stosowane w diecie drobiu i zwierząt mięsożernych. Zostały już wprowadzone do hodowli świń. Prowadzone są również prace nad ich zastosowaniem w żywieniu bydła, ale badania te, zarówno w naszym kraju, jak i za granicą, są odosobnione. Szczególnie interesujące są dodatki smakowe zawierające kwasy organiczne, które aktywnie uczestniczą w procesach metabolicznych, stymulują przemianę materii, zwiększają biokonwersję pasz i są przyjaznymi dla środowiska środkami konserwującymi. Takie dodatki normalizują kwaśność w przewodzie pokarmowym zwierząt, co sprzyja lepszemu przyswajaniu składników pokarmowych i ogranicza rozwój enteropatogennej mikroflory w jelitach [12, 105, 106, 169, 213].

Zakwaszacze pasz na bazie kwasów organicznych są naturalnymi metabolitami, które asymilują się u zwierząt bez śladu. Ich uniwersalność leży w ich bakteriobójczym i grzybobójczym działaniu, które ostatnio nabrało szczególnego znaczenia w kontekście problemu zastąpienia antybiotyków innymi nowoczesnymi środkami biologicznie aktywnymi i bezpiecznymi dla środowiska [14, 105, 193].

Pierwotnie kwasy organiczne stosowane były w hodowli zwierząt jako konserwanty w przygotowywaniu soczystych pasz - kiszonki i siana. Ich zastosowanie pozwoliło na spowolnienie procesów gnilnych w puszce z zieloną masą. Według Duńskiego Instytutu Rolnictwa, włączenie do diety zakwaszacza zmniejsza liczbę chorób żołądkowo-jelitowych, ponieważ utrzymuje reakcję środowiska w jelitach kurcząt brojlerów na poziomie dość korzystnym dla rozwoju bakterii Lactobacilli, normalizując tym samym jakościowy i ilościowy skład flory bakteryjnej. Zarówno lakto- jak i bifidobakterie zapobiegają przenikaniu patogenów do głębokich warstw ściany jelita, ich przenoszeniu do narządów wewnętrznych i krwi, rozwojowi infekcji, pobudzaniu układu limfatycznego jelita, syntezie immunoglobulin, cytokin, properdiny, która ma pozytywny wpływ na organizm i w konsekwencji na wyniki ich hodowli. Preparaty stworzone na bazie kwasów organicznych zostały nazwane - prebiotykami, czyli substratami stymulującymi naturalną mikroflorę, która wchodzi w skład diety. Nie są one trawione ani wchłaniane w żołądku i jelicie cienkim, a dostając się do jelita grubego, są wykorzystywane jako pożywka dla normalnej mikroflory [21, 39, 106, 177, 202].

Szeroko rozpowszechnione prebiotyczne zakwaszacze obejmują takie kwasy organiczne jak kwas fumarowy, bursztynowy, octowy, propionowy, cytrynowy, mrówkowy, mleczny i inne. Kwasyfikatory stosowane w paszach działają na dwa sposoby. Po pierwsze, redukują one Ph w przewodzie pokarmowym poprzez jego dysocjację i uwalnianie protonów wodorowych (H+). Po drugie, kwasy organiczne należące do grupy kwasów słabych są typowymi produktami metabolizmu mikrobiologicznego. W roztworze kwasy organiczne znajdują się w stanie pH - jest to zależna równowaga pomiędzy nienaładowanymi cząsteczkami kwasu a odpowiadającymi im naładowanymi anionami (np. kwasem octowym/octanem). Podstawową zasadą ich działania jest to, że będąc w stanie niezrzeszonym (postać niejonizowana, lipofilna), mogą przeniknąć do ścian komórkowych bakterii i zaburzyć ich normalną fizjologię. Kwasy organiczne przenikają przez błonę komórkową w formie niezrzeszonej. W miarę jak proporcja zdysocjowanej formy kwasu wzrasta wraz z wartością pH podłoża, raz w komórce bakteryjnej, gdzie wartość pH jest bliska neutralnej, kwasy organiczne ulegają dysocjacji w cytoplazmie komórki bakteryjnej z uwolnieniem anionu (A-) i protonu (H+). Wewnątrzkomórkowe pH zostanie zredukowane, a ponieważ bakterie wrażliwe na pH nie tolerują dużej różnicy między kwasowością wewnątrzkomórkową i pozakomórkową, specjalny mechanizm (pompa skojarzona z H+-ATP) będzie działać w celu normalizacji wewnątrzkomórkowego pH. Zjawisku temu towarzyszy wysokie zużycie energii i może ono powstrzymać rozwój bakterii, a nawet je zabić. Akumulacja anionów (A-) staje się toksyczna dla bakterii poprzez złożone mechanizmy prowadzące do zahamowania reakcji metabolicznych, zmniejszenia syntezy makrocząsteczek lub pęknięcia błon komórek bakterii chorobotwórczych i oportunistycznych. Kwasy organiczne obniżają wskaźnik wodoru, wnikają do komórek bakterii Gram-ujemnych i ulegają w nich rozkładowi. To ten podwójny efekt, który zapobiega namnażaniu się bakterii. Zastosowanie kwasu bursztynowego w diecie gobyra zwiększa zawartość białka całkowitego w surowicy krwi o 3,9 - 5,9% i zwiększa masę ciała do 19%, co zwiększa rentowność produkcji wołowiny o 1,1 - 6,96%. Powyższe dane wskazują na pozytywny wpływ kwasów organicznych na przewód pokarmowy zwierząt gospodarskich i ich stosowanie jako dodatków paszowych może stanowić alternatywę dla antybiotyków paszowych w celu wytwarzania przyjaznych dla środowiska produktów zwierzęcych [14, 22, 151, 177].

Jednakże wiele dodatków smakowych, które mają pozytywny wpływ na produktywność zwierząt, nie zostało wystarczająco zbadanych, a ich wprowadzenie do produkcji pozostaje otwarte. Prace przeprowadzone w ostatnich latach wykazały, że konieczna jest ocena zdolności pasz do wiązania kwasów (BCA), ponieważ wskaźnik ten bezpośrednio wpływa na proces trawienia u zwierząt. Tymczasem zdolność surowców paszowych do wiązania kwasów, a przede wszystkim kwasu solnego, który wydzielany jest przez układ pokarmowy i stwarza normalne warunki do trawienia paszy, jest często niedoceniana w nowoczesnej hodowli zwierząt. Niski poziom pH w żołądku powinien być z wielu powodów. Po pierwsze, pepsynogen zmienia się w proteolityczny enzym pepsyny tylko w bardzo kwaśnym środowisku (pH 2-4). W przypadku stosowania pasz o wysokim CSS, takich jak mączka z lucerny siewnej, mączka sojowa i jej produkty (mączki, ciasta), pasza dla zwierząt, węglan wapnia i inne poziomy pH w górnej części przewodu pokarmowego pozostają podwyższone, co niekorzystnie wpływa na wykorzystanie przez zwierzęta nie tylko azotu, ale także innych składników odżywczych paszy. Rozkład białek jest zaburzony, więc niepodzielone białka gromadzą się w dolnej części przewodu pokarmowego, co sprzyja fermentacji białek prowadzącej do powstawania toksycznych amin biogennych. Z reguły liczba przypadków biegunki wzrasta wraz ze wzrostem MAC pasz mieszanych. W środowisku kwaśnym namnażanie się bakterii chorobotwórczych (E.coli, Klebsiella) jest ograniczone, a rozwój zdrowej mikroflory wzmocniony. Stosowanie zakwaszaczy, które dodają 1-5 kg/t paszy do mieszanek paszowych, które niedawno rozprzestrzeniły się w innych krajach, jest uzasadnione. Wśród innych zalet stosowania kwasów organicznych wymienia się również ich pozytywny wpływ na strukturę morfologiczną jelita (wzrost zwierciadła jelitowego), a w konsekwencji na zdolność do absorpcji azotu, minerałów i energii [12, 78, 105, 106, 205].

Kwasy organiczne są wprowadzane do diety w celu poprawy apetytu, zwiększenia odporności zwierząt hodowlanych, zapobiegania chorobom poststresowym, żołądkowo-jelitowym i oddechowym, jako dodatkowe źródło energii dla zwiększonego stresu technologicznego, zwiększenia strawności paszy i wchłaniania składników odżywczych, normalizacji i stymulacji młodego wzrostu. Ponadto, dzięki zastosowaniu dodatków paszowych na bazie kwasów organicznych i ich soli, zmniejsza się nasienie bakteryjne pasz, niszczy się bakterie Salmonella, E.Coli itp., zatrzymuje się wzrost grzybów pleśniowych, chroni paszę i zapobiega ponownemu zakażeniu podczas przechowywania. Wszystko to przyczynia się do przywrócenia trawienia, stanu biologicznego i reakcji immunologicznej (89).

Jednocześnie badano i wprowadzano dodatki paszowe zawierające kwasy organiczne głównie w produkcji trzody chlewnej i drobiu, nie stosowano ich w hodowli i tuczu młodego bydła [169].

Z przedstawionego przeglądu danych literaturowych wynika, że na naturalne siły ochronne organizmu młodego bydła wpływają zróżnicowane czynniki środowiska, z których najważniejsze są warunki utrzymania i wysokiej jakości żywienia. Problem dostępności diet z biologicznie aktywnymi substancjami może być rozwiązany poprzez zastosowanie dodatków paszowych. Niskie koszty dodatków paszowych wykorzystujących lokalne surowce naturalne mogą mieć największy wpływ. Szczególnie interesujące dla hodowli bydła są dodatki smakowe zawierające kwasy organiczne uczestniczące w procesach metabolicznych organizmu, w szczególności cykl kwasu trikarboksylowego (cykl Krebsa).

Wnioski:

1. W przypadku hodowli i tuczu młodego kota dużego rogatego, podstawowymi przyczynami predysponującymi do spadku naturalnej odporności organizmu i wydajności zwierząt są naruszenia wymogów higieny w zakresie ich utrzymania i karmienia. Te naruszenia prowadzą do chorób, przymusowego uboju i utraty życia. Młode zwierzęta są szczególnie podatne na czynniki zewnętrzne w pierwszych miesiącach wzrostu.

2. Poszukiwanie nowych, skutecznych i ekonomicznie uzasadnionych sposobów na zwiększenie naturalnej odporności organizmu i wydajności cieląt ma duże znaczenie naukowe i praktyczne.

3. Kwestie wzmocnienia naturalnej obrony organizmu i zwiększenia wydajności młodego bydła poprzez zastosowanie środków aromatyzujących pozostają słabo zbadane.

ROZDZIAŁ 2. MATERIAŁY I METODY BADAWCZE

2.1 Metodologia inscenizacji doświadczeń naukowych i ekonomicznych

Badania eksperymentalne były prowadzone w warunkach zamkniętej spółki akcyjnej "Lipovtsy" obwodu witebskiego, katedry higieny zwierząt, fizjologii normalnej i patologicznej, farmakologii i toksykologii, specjalistycznej wiedzy weterynaryjnej i sanitarnej oraz instytutu badawczego weterynaryjnej medycyny stosowanej i biotechnologii EE "Witebsk State Order "Odznaka Honorowa" Akademii Weterynarii.

Przedmiotem badań były buhaje pierwszego okresu kompleksu przemysłowego w zakresie hodowli tuczonego młodego bydła białoruskiej rasy czarno-motylowej w wieku od 30 dni do 180 dni. Przedmiotem badań były: budynki inwentarskie, ich środowisko powietrzne, dawki pokarmowe, wydajność, zachorowalność, bezpieczeństwo, krew i mięso zwierząt doświadczalnych, mikroflora blizn, kwas bursztynowy i jabłkowy, aromat waniliowy oraz dodatek aromatyzujący acevandol.

Projektowanie dodatków aromatycznych obejmowało dobór składników i uzasadnienie zoohigieniczne składu różnych wariantów dodatków aromatycznych dla cieląt, określenie parametrów ich toksyczności, identyfikację najbardziej efektywnych ekonomicznie opracowanych wariantów dodatków oraz określenie możliwości ich zastosowania w hodowli młodego bydła.

Dobór składników przy opracowywaniu dodatków do środków aromatyzujących opierał się na analitycznym przeglądzie dostępnych nam źródeł informacji oraz na wynikach badań poszukiwawczych mających na celu znalezienie surowców odpowiednich do produkcji dodatków do środków aromatyzujących. W doświadczeniach poszukiwawczych określono możliwość zastosowania w dodatkach jako wypełniacza dolomitowego, którego najbogatsze złoża znajdują się w okolicach Witebska. Jego działanie immunostymulujące i rostymulujące po wprowadzeniu do diety cieląt zostało ustalone. Ocenę toksykologiczną opracowanych dodatków smakowych przeprowadzono zgodnie z "Wytycznymi metodycznymi dotyczącymi oceny toksykologicznej substancji chemicznych i preparatów farmakologicznych stosowanych w weterynarii" [91].

Badania eksperymentalne obejmowały dwa eksperymenty naukowe i ekonomiczne mające na celu rozwiązanie problemów pracy doktorskiej, a także produkcyjną weryfikację skuteczności opracowanego dodatku smakowego w hodowli cieląt.

Biorąc pod uwagę okres przygotowawczy, w trakcie pierwszych doświadczeń naukowych i ekonomicznych badano wskaźniki zdatności do spożycia, wydajności i naturalnej odporności buhajów w pierwszych dwóch miesiącach okresu wegetacyjnego, kiedy to do diety wprowadzano różne warianty aromatycznych dodatków smakowych. Dynamika wydajności i oporności młodego bydła w całym okresie wzrostu przy wprowadzeniu dodatku do diety, która wykazała najwyższą efektywność ekonomiczną podczas pierwszego doświadczenia, była badana podczas drugiego doświadczenia naukowego i ekonomicznego.

W trakcie badań doświadczalnych, klinicznie zdrowe zwierzęta wybierano do grup doświadczalnych na zasadzie analogów warunkowych, biorąc pod uwagę ich rasę, wiek, płeć i żywą wagę. Warunki zwierząt we wszystkich grupach były takie same. Karmienie zwierząt odbywało się zgodnie z przyjętą w gospodarstwie dawką pokarmową. Buhaje grup doświadczalnych wprowadzano do racji podstawowej w mieszance z paszami mieszanymi z badanymi dodatkami smakowymi. W paszach mieszanych badane dodatki smakowe wprowadzano metodą mieszania stopniowego.

Ze względu na fakt, że wcześniej w hodowli i tuczu młodych krów nie stosowano dodatków smakowych na bazie kwasów organicznych, do ich oceny porównawczej opracowaliśmy dodatki-analogi. Ponadto "podstawowy" dodatek w diecie cieląt jednej z grup doświadczalnych wprowadził zarejestrowany w Republice Białorusi dodatek smakowy "Aromatyczna" wanilia AP 239.

Pierwsze doświadczenie. Biorąc pod uwagę, że organizm zwierząt we wczesnym wieku bardziej mobilnie reaguje na czynniki zewnętrzne, co pozwala na bardziej wiarygodną ocenę biologicznego wpływu ich oddziaływania, w pierwszych dwóch miesiącach okresu wegetacyjnego przeprowadzono badania wpływu rozwiniętych aromatów dodatków aromatycznych na organizm dużych rogatych młodych. W tym celu, biorąc pod uwagę technologię kompleksu przemysłowego do hodowli i tuczu młodego bydła CJSC "Lipovtsy" obwodu witebskiego, biorąc pod uwagę okres przygotowawczy zgodnie ze schematem doświadczenia (tabela 2.1) bezpośrednio po umieszczeniu w rejonie chowu utworzono 5 grup podobnych cieląt, po 18 sztuk każda. Byki z pierwszej grupy były kontrolowane i nie otrzymywały dodatków smakowych. W diecie cieląt drugiej, trzeciej i czwartej grupy doświadczalnej wprowadzono metodę stopniowego mieszania w tempie 0,5% z dodatkami paszowymi № 1, № 2 i № 3, zawierającymi mieszaninę odpowiednio bursztynu i kwasu jabłkowego (1:1), wapienia dolomitowego, kwasu jabłkowego i dolomitowego oraz kwasu bursztynowego i wapienia dolomitowego. Wanilia została wprowadzona do diety cieląt z 5 grupy doświadczalnej w dawce 0,1% do paszy.

Pobieranie próbek krwi i ważenie kontrolne zwierząt zostało przeprowadzone podczas badań i na koniec badań. Określono parametry immunologiczne (aktywność bakteriobójcza i lizozymowa surowicy krwi, aktywność fagocytarna neutrofili, zawartość białka wspólnego i jego frakcji) oraz morfologiczne i biochemiczne (ilość leukocytów, erytrocytów, zawartość hemoglobiny, aktywność AAt i ASAt, skład mineralny surowicy krwi).

Odnotowano przyrost masy ciała żywego, częstość występowania chorób byków i ich bezpieczeństwo, przydatność do spożycia paszy oraz parametry mikroklimatyczne ośrodka hodowli bydła.

Tabela 2.1. - Schemat doświadczeń w zakresie oceny porównawczej dodatków aromatyzujących dla cieląt

Grupy	Studiowany dane	Ilość zwierzęta w grupie, głowa	Schemat wprowadzenia do diety podstawowej badanych dodatków
1 - kontrola	Produktywność, Naturalny Opór, morfologiczne i biochemiczne parametry krwi, zachorowalność, Bezpieczny, przydatność do spożycia paszy, spożycie paszy na kilogram przyrostu masy ciała, mikroklimat	18	zszywka
2 doświadczony		18	LUB + dodatek #1 (wanilia + bursztyn i kwas jabłkowy 1:1 + wapień dolomitowy)
3- doświadczony		18	LUB + dodatek #2 (wanilia + kwas jabłkowy + wapień dolomitowy)
4 doświadczony		18	LUB + dodatek nr 3 (wanilia + kwas bursztynowy + wapień dolomitowy)
5- doświadczony		18	LUB + wanilia

Określono parametry toksyczności badanych aromatów. Obliczono efektywność kosztową wniosku. Czas trwania doświadczenia wynosił 60 dni.

W trakcie badań zwierzęta doświadczalne zostały poddane wszystkim planowanym działaniom weterynaryjnym prowadzonym na terenie kompleksu przemysłowego do hodowli i tuczu młodego bydła JSC "Lipovtsy".

Drugie doświadczenie przeprowadzono w celu zbadania produkcyjności, naturalnej odporności, zachorowalności i bezpieczeństwa młodego bydła przy użyciu acevandolu (dodatku smakowego, który wykazał najwyższą skuteczność w pierwszym doświadczeniu), ustalenia optymalnej dawki w diecie cieląt oraz określenia jakości produktów ubojowych stosowanych w całym okresie wzrostu. W tym celu, zgodnie z przyjętą technologią, na miejscu pierwszego okresu kompleksu przemysłowego do hodowli i tuczu młodego bydła JSC "Lipovtsy" na zasadzie analogów warunkowych wybrano cztery grupy byków w wieku około 18 sztuk każda. Okres przygotowawczy wynosił 21 dni. Cielęta z pierwszej grupy służyły jako kontrola, a acewandole nie były przyjmowane. W diecie cieląt z drugiej, trzeciej i czwartej grupy doświadczalnej badany dodatek wprowadzono w dawkach: 0,3; 0,5 i 1% odpowiednio do paszy.

Kontrolę ważenia cieląt i pobierania próbek krwi do badań prowadzono co miesiąc. Określono wskaźniki żywej wagi, immunologiczne (aktywność bakteriobójcza i lizozymowa surowicy krwi, aktywność fagocytarna neutrofili, zawartość białka całkowitego i jego frakcji), morfologiczne i biochemiczne (liczba leukocytów, erytrocytów, zawartość hemoglobiny, aktywność enzymów AAt i ASAt). Zarejestrowaliśmy występowanie i bezpieczeństwo byków. Monitorowaliśmy parametry mikroklimatu w kurniku. Obliczyliśmy ekonomiczną efektywność stosowania różnych dawek dodatku smakowego acevando". Schemat doświadczenia przedstawiony jest w tabeli 2.2.

Ocenę weterynaryjnych i sanitarnych wskaźników jakości mięsa, przy wprowadzaniu acevandolu do diety młodego bydła, przeprowadzono poprzez określenie właściwości organoleptycznych i fizyko-chemicznych mięsa, nieszkodliwości produktu oraz analizę bakteriologiczną.

Zwierzęta doświadczalne zostały poddane wszystkim zaplanowanym czynnościom weterynaryjnym przeprowadzanym na terenie pierwszego okresu kompleksu przemysłowego do tuczu i hodowli młodego bydła JSC "Lipovtsy".

Czas trwania doświadczenia wynosił 120 dni (grudzień-marzec).

Tabela 2.2. - Schemat doświadczenia w stosowaniu suplementu acevandolu

<table>
<tr><th>Grupy</th><th>Studiowany Wskaźniki</th><th>Ilość zwierzęta grupowe, głowy</th><th>administracja 2% dla pasz mieszanych</th></tr>
<tr><td>1 - kontrola</td><td rowspan="4">Produktywność, Naturalny Opór, morfologiczne i biochemiczne parametry krwi, wskaźnik zachorowalności i Bezpieczny, jedzenie pasz, mikroklimat, jakość mięsa</td><td>18</td><td>PR (dieta podstawowa)</td></tr>
<tr><td>2 doświadczony</td><td>18</td><td>PR + acevandol - 0,3 %</td></tr>
<tr><td>3- doświadczony</td><td>18</td><td>PR + acevandol - 0,5 %</td></tr>
<tr><td>4 doświadczony</td><td>18</td><td>PR + acevandol - 1,0 %</td></tr>
</table>

2.2 Metody badań eksperymentalnych

Stan mikroklimatu pomieszczeń hodowlanych zwierząt zbadano zgodnie z pomocą edukacyjno-metodyczną "Ocena sanitarno-higieniczna mikroklimatu pomieszczeń hodowlanych zwierząt" [83] z podaniem definicji:

- temperatura i wilgotność z psychrometrem Augusta;

- prędkość powietrza - anemometr elektroniczny;

- stężenie amoniaku - elektroniczny analizator gazów firmy Dräger;

- ogólne mikrobiologiczne zanieczyszczenie powietrza - metoda sedymentacji.

***Badano parametry toksyczności dodatków smakowych* - zgodnie z** wytycznymi metodologicznymi w zakresie oceny toksykologicznej substancji chemicznych i preparatów farmakologicznych stosowanych w medycynie weterynaryjnej [91].

Poziom naturalnej odporności cieląt został określony przez wskaźniki humoralnej i komórkowej ochrony organizmu [2,88]:

- Aktywność bakteriobójcza surowicy Münsela i Treffensa w modyfikacji OV Smirnova i TN Kuzmina;

- aktywność lizozymu w surowicy krwi - fotoelektryczna metoda kalorymetryczna A.G. Dorofeychuka;

- aktywność fagocytarna neutrofili - opsonowa reakcja fagocytarna metodą V.S. Gosteva. Jako hodowlę testową zastosowano paciorkowca białego (St.albus), szczep - 209-B;

Wskaźniki morfologiczne krwi [90]:

- zawartość erytrocytów, hemoglobiny i leukocytów - za pomocą automatycznego analizatora hematologicznego "Medonic SA-620" (Szwecja);

Wskaźniki biochemiczne surowicy [90]:

- Zawartość białka całkowitego, enzymów AlAt i ASAt, makro- i mikroelementów w surowicy krwi badano na automatycznym analizatorze biochemicznym "EuroLyser" (Anglia) przy użyciu zestawów odczynników testowych firmy "Carmay" (Polska).

Próbki krwi do badań zostały pobrane z żyły szyjnej zwierząt zgodnie z zasadami jałowości i antyseptyki w dwóch sterylnych probówkach. W jednej z probówek krew była stabilizowana heparyną (2,0 - 2,5 jednostki/ml), drugą wykorzystano do uzyskania surowicy (po koagulacji w temperaturze +18-20°C, z późniejszym schłodzeniem).

Skład mineralny badanych napełniaczy - metodą absorpcji atomowej na urządzeniu Spectrum-5, zawartość wapnia - zgodnie z GOST 26570-95 p.6, zawartość fosforu - zgodnie z GOST 26657-97.

Wpływ suplementu acevandolu na mikroflorę i pH zawartości blizn - poprzez badania porównawcze zawartości blizn (canyga) pobranych od owcy bez acevandolu (kontrola) i przy wprowadzeniu acevandolu do diety (doświadczenie). Badania przeprowadzono na owcy z przetoką blizny zawartej w wiwarium EO VGAVM. Dodatek aromatyzujący Acevandol był podawany zwierzęciu doświadczalnemu przez 21 dni w mieszaninie z paszą mieszaną w dawce 1% do paszy. Próbki Kanagiego zostały pobrane przez bliznę przetoki. Badanie laboratoryjne zawartości blizny przeprowadzono codziennie przez trzy dni przed zastosowaniem acevandolu (kontrola) oraz przez ostatnie trzy dni okresu karmienia dodatkiem smakowym (doświadczenie). Jednocześnie określono pH zawartości blizny, skład ilościowy i jakościowy mikroorganizmów bliznowatych, wskaźniki aktywności życiowej mikroflory bliznowatej.

W celu zbadania najprostszych blizn, otrzymaną w ten sposób zawartość blizny przefiltrowano przez 4 warstwy gazy i jedną część utrwalono 10% roztworem formaldehydu (1:1), a drugą część wlano do termosu magazynowego i dostarczono do laboratorium. Zawartość blizny zawartej w termosie została przefiltrowana do szklanki w naczyniu wodnym w temperaturze 39-400C. Nałożyć kilka kropel filtratu na szkiełko zegarkowe i dodać jedną kroplę błękitu metylenowego w rozcieńczeniu 1:1000. Kroplę pomalowanego filtratu naniesiono pipetą na szkło pokrywające, szybko odwrócono i umieszczono na szklanym szkle z okrągłym wgłębieniem. Krawędzie szkła pokrywy były otoczone wazeliną. W otrzymanym preparacie zaobserwowano "zwisającą kroplę" ruchu wlewu najpierw w niewielkim, a następnie w średnim powiększeniu mikroskopowym. Zwrócono uwagę na charakter ruchu infuzji - ruch w linii prostej jest uważany za normalny, a szybki ruch w kole, intensywny ruch infuzji wokół własnej osi (ruch obrotowy) nie jest normą.

W celu określenia liczby infuzji, szkło pokrywy mielącej zostało oczyszczone do aparatu Goryayeva, siatka została zbadana pod małym powiększeniem mikroskopu, a komora wypełniona przesączem zawartości blizny z miksera, tak jak to się robi przy liczeniu elementów formy krwi.

Infusoria były liczone w 100 dużych kwadratach siatki (jak w liczeniu leukocytów). Liczbę wlewów (X) w 1 ml zawartości obliczono według wzoru:

X = n x 250 x 2 x 1000 : 100, gdzie:

n - liczba infuzji w 100 dużych kwadratach siatki (średnio 90 - 180).

Aktywność mikroflory bliznowatej określano na podstawie rozkładu z błękitem metylenowym. Do 1 ml 0,03% roztworu błękitu metylenowego dodano 20 ml płynu z bliznami i obserwowano czas odbarwiania roztworu (normalny - przez 3 minuty).

W celu zbadania mikroflory zawartość tkanki bliznowej rozcieńczono 10 razy w roztworze fizjologicznym. Z hodowli głównej wykonano szereg kolejnych rozcieńczeń - do 10-11. Siew wykonano na odpowiednich agaryzowanych podłożach odżywczych w płytkach Petriego w ilości 0,1 ml zawiesiny o różnej zawartości blizn w zależności od szacowanej liczby niektórych mikroorganizmów.

Bifidobakterie izolowano przy użyciu agaru bifidobacterium, laktobakterie - podłoża agarowego MRS, do którego dodawano roztwór kwasu sorbowego w 1 M NaOH w stężeniu 14 g/l, sterylizowanego przez filtrację, w celu uniknięcia wzrostu grzybów drożdżopodobnych z rodzaju Candida. Inkubację mikroflory beztlenowej wykonano w mikroanaerostacie w temperaturze +37°C przez 48 godzin. Pożywkę endo wykorzystano do izolacji gram-ujemnych nieprzekaźnikowych fakultatywnych bakterii beztlenowych; w uzyskanych koloniach oddzielnie odnotowano bakterie laktozonegatywne i laktozopozytywne. Do ekstrakcji mikroskopijnych grzybów (mikromycetów) wykorzystano środowisko Saburo. Inkubacja upraw została przeprowadzona w ciągu 48-72 godzin. Mikrocety inkubowano w temperaturze +27°C.

Orientacyjną identyfikację bifidobakterii i laktobakterii przeprowadzono metodą mikroskopową (zabarwienie rozmazem Grama), co pozwala na ocenę morfologii komórek. Bifidobakterie miały postać prostych lub rozgałęzionych pałeczek gram-dodatnich X, Y i V z zagęszczeniem w kształcie szpilki na końcach.

Bakterie kwasu mlekowego były prostymi gram-dodatnimi pałeczkami o zaokrąglonych końcach, umieszczonymi w polu widzenia pojedynczo lub w łańcuchach. Escherichia coli identyfikowano na podstawie ich właściwości morfologicznych, kulturowych i biochemicznych. Przynależność urodzeniową mikrocetów określono biorąc pod uwagę ich cechy morfologiczne i kulturowe.

Poziom pH blizny określono za pomocą pehametru 150-M.

Zazwyczaj w bliznach w niewielkich ilościach (rodzaj Mucor, Aspergillus i Candida) rejestrowana jest znaczna ilość bifido - i laktobacillusów, bakterii tlenowych z zarodnikami, grzybów i drożdży, a także E. coli (o typowej aktywności antagonistycznej i enzymatycznej) [1, 2, 3].

Częstotliwość występowania zwierząt doświadczalnych określano na podstawie codziennych badań klinicznych, rejestrując wszystkie przypadki i porównując pozostałą liczbę wszystkich zwierząt w każdej grupie z liczbą przypadków.

Utrzymywanie stada w ***bezpiecznym stanie*** poprzez prowadzenie dziennej ewidencji młodych, którzy odeszli.

Wydajność cieląt - poprzez indywidualne ważenie zwierząt pod koniec okresu badań z późniejszym obliczeniem bezwzględnego i średniego dziennego przyrostu żywej wagi. Bezwzględny wzrost zwierząt został obliczony według wzoru:

$$A = W1 - W2;$$

gdzie: W1 - żywa waga w doświadczeniu, kg..;

W2-żywotna masa na koniec doświadczenia, kg..;

Średni dzienny przyrost żywej wagi byków (LMV) został obliczony według wzoru:

$$MTP = (W2- W1): (t2 - t1) x1000;$$

gdzie: t2 i t1 - okres czasu od początkowego do końcowego ważenia zwierzęcia, dzień.

Jedzenie pasz - poprzez codzienne ważenie bilansów paszowych, a następnie obliczanie wartości procentowej.

Weterynaryjną i sanitarną ocenę jakości produktów uboju cieląt, która charakteryzuje bezpieczeństwo produktu, określono zgodnie z wymogami "Przepisów weterynaryjnych i sanitarnych dotyczących badania zwierząt rzeźnych oraz badania weterynaryjnego i sanitarnego mięsa i produktów mięsnych". (Mińsk, 2008) [19]. W tym celu przeprowadzono badania organoleptyczne, fizykochemiczne: oznaczono pH mięsa, aktywność enzymów peroksydazy, obecność produktów rozkładu białka w reakcji z roztworem kwasu siarkowego miedzi, wilgotność, względną wartość biologiczną i toksyczność mięsa oraz przeprowadzono badania bakteriologiczne produktów uboju zwierząt.

Badania tusz mięsnych i ciał wewnętrznych przeprowadzono zgodnie z zasadami ekspertyz weterynaryjnych i sanitarnych oraz GOST 7269-79 "Mięso". Metody pobierania próbek i metody organoleptyczne stosowane do oznaczania świeżości"[19].

Reakcję pożywki (pH) mięsa oznaczono metodą potencjometryczną przy użyciu urządzenia "pH METRHANNA9025" w wodzie ekstrahującej z mięsa, gotowanej w stosunku 1:10 (48 godzin po uboju).

Definicję produktów rozkładu białka przeprowadzono na drodze reakcji z miedzią kwasem siarkowym, do której użyto przesączu bulionowego z badanych próbek mięsa w stosunku 1:3 i 5% - roztworu siarczanu miedzi.

Oznaczenie zawartości wilgoci w mięsie polegało na ubytku masy badanych próbek podczas ich suszenia.

Toksyczność mięsa została określona zgodnie z "Wytycznymi metodologicznymi dla oceny toksyczności i biologii mięsa, produktów mięsnych i mleka przy użyciu tetrachymanów Pyriformis Infusoria" (1997).

Badania bakteriologiczne produktów uboju zwierząt przeprowadzono zgodnie z GOST 21237-75 "Mięso". Metody analizy bakteriologicznej."

Statystyczne opracowanie materiału uzyskanego w wyniku badania przeprowadzono zgodnie z instrukcją szkoleniową "Biometria w hodowli zwierząt i weterynarii" [13], przy użyciu programu Microsoft Office Excel.

Na podstawie wskaźników statystycznych obliczono średnią arytmetyczną (M) w celu określenia stopnia wiarygodności różnicy między grupami. W pracy doktorskiej przyjęto następujące oznaczenia poziomu istotności: * - $P<0.05$; ** - $P<0.01$; *** - $P<0.001$ [10]. Przy * - $P>0,05$, różnica została uznana za niewiarygodną.

Podana ogólna koncepcja, materiały, metody i techniki badań doświadczalnych nad organizacją i przeprowadzaniem doświadczeń naukowych i ekonomicznych, określenie wskaźników produktywności, naturalnej odporności organizmu zwierząt, morfologicznej i biochemicznej struktury krwi, wskaźniki ekonomiczne są nowoczesne i pozwalają na rozwiązanie postawionych zadań badawczych i osiągnięcie celu badań.

ROZDZIAŁ 3 OPRACOWANIE RÓŻNYCH WARIANTÓW ŚRODKÓW AROMATYZUJĄCYCH DLA MŁODEGO BYDŁA

3.1 Wybór składników i uzasadnienie zoohigieniczne składu różnych opcji dodatków aromatyzujących

Projektowanie dodatku smakowego obejmowało: dobór składników dodatków uszlachetniających i opracowanie różnych wariantów dodatków uszlachetniających (kompozycji); ocenę toksykologiczną opracowanych kompozycji dodatków uszlachetniających; badanie wpływu dodatku na mikroflorę i poziom pH zawartości blizny.

Jako główne składniki aktywne różnych kompozycji aromatycznych dodatków dla cieląt wykorzystaliśmy kwas bursztynowy i jabłkowy. Podstawą do tego były dane ze źródeł literackich. Mechanizm działania kwasów organicznych opiera się na stymulowaniu produkcji kwasu solnego i aktywacji enzymów biorących udział w rozpadzie białka. Powoduje to wolniejsze uwalnianie substancji odżywczych z jelit zwierzęcych i pozwala na ich pełne wchłanianie w żołądku i jelitach. Kwasy organiczne są w stanie przeniknąć bezpośrednio do komórki mikrobiologicznej, gdzie rozpadają się na jony i aniony H+ (RCOO) ⁻. Jon H+ jest następnie eliminowany przez błonę komórkową w sposób złożony, co prowadzi do jego zniszczenia, a anion (RCOO) hamuje syntezę DNA bakterii. Ponadto, kwasy organiczne podrażniają kubki smakowe, zwiększając ich zdolność do jedzenia. Największy efekt uzyskuje się z kwasów organicznych bezpośrednio zaangażowanych w procesy metaboliczne, szczególnie w cyklu kwasu trikarboksylowego.

Przy opracowywaniu składu opracowanego dodatku uwzględniono również problem niedoboru mineralnego pasz dla zwierząt użytkowych w Republice Białoruś, której terytorium należy do prowincji biogeochemicznej o niskiej zawartości w glebach szeregu niezwykle ważnych substancji mineralnych.

Wyniki badań składu mineralnego pasz stosowanych w okresie doświadczeń produkcyjnych w diecie buhajów na kompleksie wzrostu i tuczu młodego bydła CJSC "Lipovtsy" (tabela 3.1) oraz wyniki obliczeń zaopatrzenia zwierząt doświadczalnych w substancje mineralne w diecie (tabela 3.2) wskazują na celowość wprowadzania składników mineralnych do diety.

Tabela 3.1. - Skład mineralny pasz (w 1 kg)

Wskaźniki	Formuła suchego mleka	Siano fasolowe i zbożowe	Sól fasolowa i ziarna fasoli
1	2	3	4
Wapń, d	12,5	3,5	4,0
Phosphorus, d	8,5	1,5	1,2
Magnez, d	1,4	1,4	1,5
Potas, d	12,0	8,2	10,2

Kontynuacja tabeli 3.1.

1	2	3	4
Siarka, d	3,7	1,7	0,8
Żelazo, mg.	74,0	178,0	184,0
Miedź, mg.	7,0	2,4	4,4
Cynk, mg	40,0	26,0	12,0
Mangan, mg.	2,0	27,0	18,0
Kobalt, mg.	8,5	0,02	0,14
Jodyna, mg.	0,65	0,2	0,09

Wyniki obliczeń zabezpieczenia racji żywieniowych cieląt przy uprawie minerałów w CJSC "Lipovtsy" przedstawiono w tabeli 3.2.

Tabela 3.2. - Dostępność makro- i mikroelementów

Wskaźnik i	Dostarczanie minerałów do organizmu poprzez konsumpcję:				Wszystko pochodziło z karmy.	Norma	procent bezpiecz eństwa
	SCS	CombiFee d	Sekwana	Senaja			
1	2	3	4	5	6	7	8
W wieku 2 miesięcy.							
Wapń, d	172,50	153,76	90,30	107,20	523,76	600	87,2
Phosphor us, d	150,15	97,36	38,70	32,16	318,37	450	70,7

Kontynuacja tabeli 3.2.

Magnez, d	19,32	24,0	36,12	40,2	119,64	155,0	77,1
Miedź, mg.	96,60	163,20	61,92	117,92	439,64	510	86,2
Cynk, mg	552,00	672,00	670,80	321,60	2216,4	3150	70,3
Mangan, mg.	276,0	384,0	696,6	455,6	1812,2	2700	67,1
W wieku 3 miesięcy.							
Wapń, d	97,50	264,48	98,35	164,80	625,13	750	83,3
Phosphorus, d	81,90	177,48	42,15	49,44	350,97	450	77,9
Magnez	10,92	36,9	39,34	61,8	151,1	186,0	81,5
Miedź, mg.	54,60	295,80	67,44	181,28	599,12	690	86,8
Cynk, mg	312,00	1218,0	730,60	494,40	2755,0	4050	68,0
Mangan, mg.	156,0	696,0	758,7	700,0	2310,7	3600	64,2

Kontynuacja tabeli 3.2.

1	2	3	4	5	6	7	8
W wieku 4 miesięcy.							
Wapń, d	-	312,00	170,80	268,80	751,6	900	83,5
Phosphorus, d	-	230,40	73,20	92,16	422,96	600	70,4
Magnez, d	-	53,7	68,32	100,8	222,82	248	89,8
Miedź, mg.	-	408,00	117,12	295,68	820,8	870	94,3
Cynk, mg	-	1680,0	1268,0	921,60	3869,6	5250	73,7
Mangan, mg.	-	960,0	1317,6	1209,6	3487,2	4650	74,9
W wieku 5 miesięcy.							
Wapń, d	-	343,20	238,00	345,60	926,80	1050	88,2
Phosphorus, d	-	253,44	102,00	103,68	459,12	600	76,5
Magnez	-	59,4	95,2	129,6	284,2	310	91,6

Kontynuacja tabeli 3.2.

1	2	3	4	5	6	7	8
Miedź, mg.	-	448,80	163,20	380,16	992,16	1023	96,6
Cynk, mg	-	1848,0	1768,0	1036,8	4652,8	6000	77,5
Manga n, mg.	-	992,0	1836,0	1555,2	4383,2	5250	83,5

Z analizy tabeli 3.2 wynika, że dieta młodego bydła jest uboga w niektóre makroskładniki odżywcze i pierwiastki śladowe. W szczególności średni deficyt wapnia w okresie wzrostu wynosi 14 %, magnezu - 15 %, miedzi - 9 %.

Podczas poszukiwania optymalnego surowca do wykorzystania w składzie aromatycznych dodatków aromatycznych pobrano próbki różnych surowców naturalnych ekstrahowanych w Republice Białorusi. Ich skład i właściwości zostały zbadane. Skład chemiczny tych zasobów naturalnych przedstawiono w tabeli 3.3.

Z tabeli 3.3 wynika, że spośród przedstawionych zasobów naturalnych, najodpowiedniejszym surowcem do wykorzystania w składzie dodatku aromatyzującego jest dolomit "dolnej części łopatki".

Tabela 3.3. - Skład chemiczny badanych minerałów naturalnych

Kamienie kariery Dolomit JSC	Red Clay	Niebieski glina	Dolomit "górny półka"	Dolomit. Dolomit. półka"
Wapń, %	2,93	18,88	19,20	20,43
Fosfor, %	0,79	0,74	1,16	0,86
Miedź, mg/kg	10,78	0,37	7,74	18,66
Cynk, mg/kg	30,65	1,08	7,62	14,16
Żelazo, mg/kg	15238	371	591	1091
Kobalt, mg/kg	5,61	0,42	0,14	0,34
Magnez, mg/kg	274	79	85200	108125
Mangan, mg/kg	5883	65270	191	120
Ołów, mg/kg	5,14	2,34	3,79	0,91
Kadm, mg/kg	0,05	-	0,02	-

Dolomit jest nierozpuszczalny w wodzie i dość odporny na zewnętrzne czynniki środowiskowe, dlatego wykorzystywany jest jako materiał budowlany (w mieszankach betonowych, jako pokrycie dróg, itp.). W przeciwieństwie do tradycyjnie stosowanych wypełniaczy dodatków smakowych, takich jak kwarc, dolomit rozpuszcza się w kwasie solnym (żołądkowym), a biorąc pod uwagę, że zawiera sole wapnia, magnezu i innych ważnych dla życia pierwiastków, które mają stymulujące działanie na organizm w formie przyswajalnej, nawet przy minimalnych stężeniach, może służyć jako dodatkowe źródło pożywienia mineralnego dla cieląt. Mąka dolomitowa jest produkowana na skalę przemysłową, co obniża jej koszty. Stwierdzono, że skład chemiczny dolomitu zależy od jego horyzontu. W dolomicie "górnej półki", znajdującym się nad poziomem wodonośnym, zawartość szkodliwych dla organizmu metali ciężkich jest wystarczająco wysoka: ołów - 3,79 mg / kg, kadm - 0,02 mg / kg. W dolomicie "dolnej półki" poniżej poziomu wodonośnego zawartość ołowiu jest znacznie niższa i wynosi 0,91 mg/kg, a kadm nie występuje. Zgodnie z klasyfikacją GOST 12.1.007-76, dolomit "dolnego ramienia" należy do grupy IV (leki niskiego ryzyka). Dobrze miesza się z suchymi proszkami i jest technologicznie zaawansowany przy wprowadzaniu do pasz treściwych. Wprowadzenie dolomitu "dolnej łopatki" do diety cieląt jako dodatku paszowego sprzyja naturalnej odporności i wydajności cieląt [84, 87, 123]. Powyższe aspekty wskazują na celowość stosowania dolomitu jako mineralnego składnika dodatków smakowych dla młodego bydła.

Stosunek kwasów organicznych do wapienia dolomitowego w różnych wariantach opracowanego dodatku został określony na podstawie wyników badań poszukiwawczych i danych z literatury.

W związku z tym, że w Republice Białoruś dodatki smakowe dla bydła są jednorazowe, a w diecie młodego bydła nie są stosowane, jako "podstawowy" (porównawczy) dodatek w badaniach wykorzystaliśmy zarejestrowany w Republice Białoruś dodatek smakowy "Aromatic" waniliowy AP 239. Wanilia została wprowadzona do diety cieląt w dawce zalecanej przez producenta (JLLC 'Aromatic", Dzierżyńsk, Republika Białorusi). Ponadto, został on wprowadzony jako jeden z aktywnych składników w opracowanych przez nas wariantach dodatków (kompozycjach). Udział procentowy składników w dodatkach został uwzględniony w kompozycji obcych aromatycznych dodatków smakowych.

W ten sposób do badań eksperymentalnych opracowano skład trzech dodatków smakowych dla cieląt:

- Dodatek #1: Wanilia - 0,1%;

Kwas jabłkowy + kwas bursztynowy (1:1) - 69,9%;

Wapień dolomitowy - 30%.

- Dodatek #2: Wanilia - 0,1%;

Kwas jabłkowy wynosi 69,9%;

Wapień dolomitowy - 30%.

- Dodatek № 3: Wanilia - 0,1%;

Zawartość kwasu bursztynowego wynosi 69,9%;

Wapień dolomitowy - 30%.

W wyniku badań nad rozpuszczalnością opracowanych dodatków aromatyzujących, przeprowadzonych "in vitro", ustalono, że wszystkie one są rozpuszczone w wodzie z pozostałością i całkowicie rozpuszczone w kwasie solnym. Podniesienie temperatury do 37,5° (temperatura ciała zwierzęcia) przyspiesza proces rozpuszczania.

Wstępna dawka badanych dodatków smakowych została przyjęta z uwzględnieniem zaleceń dotyczących stosowania w hodowli zwierząt analogów krajowych i zagranicznych - 0,5% do pasz treściwych.

3.2 Ocena toksykologiczna dodatków aromatyzujących dla cieląt na bazie kwasu organicznego

W wyniku przeprowadzonych badań nad ostrą toksycznością opracowanych dodatków smakowych dla młodego bydła ustalono, że myszy z pierwszej grupy doświadczalnej miały słaby ucisk i odmowę paszy w ciągu pierwszych dwóch-trzech dni. Następnie myszy z tej grupy stopniowo wracały do normalnego stanu fizjologicznego, były ruchliwe, brały dobry pokarm i wodę. W innych grupach zwierzęta były aktywne i chętnie karmione, ich sierść była gładka, lśniąca, myszy były aktywne, ruchliwe i odpowiednio reagowały na bodźce zewnętrzne.

Dane dotyczące bezpieczeństwa myszy doświadczalnych podczas doświadczeń nad ostrą toksycznością badanych dodatków podano w tabeli 3.4.

Tabela 3.4. - Wyniki oceny toksykologicznej dodatków aromatyzujących w jelitowym podawaniu myszy białych

Nie.	Dawka, mg/kg, droga podania	Liczba ocalałych myszy	Liczba zmarłych myszy	Śmierć myszki, %
1	12500,0 mg/kg, w żołądku	10	0	0
2	12500,0 mg/kg, w żołądku	10	0	0
3	12500,0 mg/kg, w żołądku	10	0	0
4	6250,0 mg/kg, w żołądku	10	0	0
5	6250,0 mg/kg, w żołądku	10	0	0
6	6250,0 mg/kg, w żołądku	10	0	0
7	Kontrola	10	0	0

Tabela 3.4 pokazuje, że jednorazowe wstrzyknięcie do żołądka myszy doświadczalnych badanych dodatków w dawce 12500,0 mg/kg i 6250,0 mg/kg nie spowodowało ich śmierci. Tymczasem najwyższa dawka, tj. 12500,0 mg/kg, była najwyższa z możliwych. Mając to na uwadze, wartość LD50 przekroczy 12500,0 mg/kg.

Podobne wyniki uzyskano w produkcji doświadczeń na białych szczurach. Szczury z pierwszej grupy doświadczalnej wykazywały słaby ucisk i odmowę jedzenia przez pierwsze dwa dni, następnie zwierzęta stopniowo wracały do normalnego stanu fizjologicznego, były ruchliwe, dobrze przyjmowały pokarm i wodę. W innych grupach szczury były aktywne i chętnie karmione w okresie badań, ich płaszcze były gładkie, lśniące, aktywne, ruchliwe i odpowiednio reagowały na bodźce zewnętrzne.

Wskaźniki bezpieczeństwa szczurów w grupach doświadczalnych podczas eksperymentu w celu zbadania ostrej toksyczności opracowanych środków aromatyzujących przedstawiono w tabeli 3.5.

Tabela 3.5. - Wyniki oceny toksykologicznej dodatków aromatycznych w podawaniu jelitowym białym szczurom

Nie.	Dawka, mg/kg, droga podania	Liczba szczurów, które przeżyły	Ilość zmarły szczury	Śmierć szczury, %
1	12500,0 mg/kg, w żołądku	6	0	0
2	12500,0 mg/kg, w żołądku	6	0	0
3	12500,0 mg/kg, w żołądku	6	0	0
4	6250,0 mg/kg, w żołądku	6	0	0
5	6250,0 mg/kg, w żołądku	6	0	0
6	6250,0 mg/kg, w żołądku	6	0	0
7	Kontrola	6	0	0

Ze względu na fakt, że jednorazowe podanie badanej substancji aromatycznej do żołądka w dawce 12500,0 mg/kg i 6250,0 mg/kg nie spowodowało śmierci myszy doświadczalnych i szczurów, a maksymalna możliwa dawka jelitowa ich podania do żołądka wynosiła 12500,0 mg/kg, w badaniu toksyczności przewlekłej zastosowaliśmy dawkę 12500,0 mg/kg jako LD50.

Oznaczenie przewlekłej toksyczności badanych aromatów zostało przeprowadzone na białych szczurach. Badane dodatki smakowe podawano w przeliczeniu na 1200mg/kg masy ciała zwierzęcia w mieszaninie z paszą mieszaną przez 60 dni. Stwierdzono, że w trakcie eksperymentu nie stwierdzono strat ani zmian w stanie klinicznym zwierząt z grup doświadczalnych. Wszystkie szczury miały dobry apetyt, były ruchome, reagowały na bodźce zewnętrzne (dźwięk, dotyk), nie zakłócały aktu wypróżnienia i oddawania moczu. Powyższe dane zostały potwierdzone badaniami patologicznymi i histologicznymi. Tak więc podczas oględzin narządów wewnętrznych białych szczurów (wątroba, nerki, jelita) pobranych od zwierząt wszystkich grup, nie stwierdzono żadnych zmian. Nie stwierdzono również zmian patologicznych w badaniu histologicznym wątroby, nerek i jelit szczurów wszystkich grup. Tak więc w badaniu wątroby stwierdzono, że: struktura wiązki plastrów jest wyrażona, żyły centralne są umiarkowanie wypełnione krwią. Brak oznak dystrofii w hepatocytach. W badaniu nerek w strefie korowej cieląt nerkowych bez zmian patologicznych. Nabłonek rurki jest nienaruszony. Nie ma żadnych oznak patologii w jelitach nabłonka mięśnia sercowego. Konstrukcja nadproża została zachowana. Poszczególne limfocyty i makrofagi są obecne w podłożu podśluzówkowym. Dlatego też sześćdziesięciodniowe karmienie szczurów laboratoryjnych badanymi dodatkami smakowymi w przeliczeniu na 1200mg/kg masy ciała zwierzęcia nie miało toksycznego wpływu na ich organizm.

W ten sposób opracowane przez nas dodatki smakowe nr 1 (wanilia, mieszanina kwasu jabłkowego i bursztynowego (1:1), wapień dolomitowy), nr 2 (wanilia, kwas jabłkowy, wapień dolomitowy) i nr 3 (wanilia, kwas bursztynowy, wapień dolomitowy) wg GOST 12.1.007-76 zaliczane są do IV klasy zagrożenia.

Biorąc pod uwagę fakt, że badane dodatki smakowe zawierają kwasy, przeprowadziliśmy badania nad wpływem dodatku zawierającego najsilniejszy (z badanych) kwas jabłkowy (acewandol) na mikroflorę i pH blizny.

3.3 Wpływ dodatku aromatyzującego acevandol na mikroflorę i pH zawartości blizn

Eksperyment został przeprowadzony na zwierzęciu przetokowym trzymanym w wiwarium OO VGAVM. Dodatek był podawany przez 21 dni w dawce 1% do paszy. Badanie laboratoryjne zawartości blizny (kaniongi) przeprowadzano codziennie przez trzy dni przed zastosowaniem acevandolu (kontrola) oraz w ciągu ostatnich trzech dni okresu karmienia (doświadczenie). Wskaźniki składu mikroflory bliznowatych zwierząt doświadczalnych podano w tabeli 3.6.

Tabela 3.6. - Skład mikroflory bliznowatej przy wprowadzaniu dodatku aromatyzującego acevandol do diety

Wskaźniki	Doświadczenie	Kontrola
Bifidobakterie, COE/ml	8 x ^{109} - 11 x ^{1010}	7 x ^{109} - 11 x ^{1010}
Lactobacillus, KOE/ml	11 x ^{1010} - 13 x ^{1011}	12 x ^{1010} - 14 x ^{1011}
Escherichia coli, KOE/ml	17 x ^{104} - 30 x ^{105}	18 x ^{104} - 32 x ^{105}
Pałeczki aerobowe, KOE/ml	20 x ^{104} - 27 x ^{104}	25 x ^{104} - 28 x ^{104}
Grzyby, drożdże, KOE/ml.	20 x ^{103} - 26 x ^{104}	22 x ^{103} - 25 x ^{104}

Z tabeli 3.6 wynika, że wprowadzenie do diety dodatku smakowego acevandolu nie zmieniło jakościowych i ilościowych wskaźników mikroflory bliznowatej. Po podaniu acevandolu laktozy dodatniej E. coli, bifidobakterii, mikromycetów i pałeczek tlenowych w zawartości blizny u zwierzęcia doświadczalnego pozostawały na poziomie kontrolnym w ramach normy fizjologicznej. Wskaźniki uzyskane w wyniku badania wpływu acevandolu na liczbę, skład gatunkowy i ruchomość pierwotniaków (infuzja) blizny przedstawiono w tabeli 3.7.

Tabela 3.7 - Wskaźniki aktywności życiowej najprostszych blizn przy wprowadzaniu dodatku aromatyzującego acevandol do diety

Wskaźniki	Doświadczenie	Kontrola
Liczba infuzji, w 1 ml	6,8 x 109 - 7,1 x 109	6,9 x109
Mobilność, wynik.	7 - 10	8-10
Skład gatunkowy: - Podklasa Holotrichia	+	+
- Podklasa Spirotrichia	+	+
Aktywność mikroflory bliznowatej, min.	2,7 - 2,9	2,7

Uwaga: (+) - obecność; (-) - nieobecność.

Dane z tabeli 3.7 wskazują, że w przypadku karmienia badanego zwierzęcia acewandolem, główne wskaźniki charakteryzujące funkcje życiowe blizn pierwotniakowych nie różnią się praktycznie od tych w badaniach kontrolnych (bez wprowadzania dodatków smakowych do diety). Ilość naparu w bliznach zwierzęcych po podaniu preparatu mieściła się w granicach 109 w 1 ml zawartości blizny. Skład gatunkowy i ruchliwość naparu również nie zmieniły się znacząco. W próbkach zawierających blizny, zarówno podczas badań kontrolnych, jak i po podaniu dodatku aromatyzującego, stwierdzono obecność Equal Cilia (Holotrichia) i Spiral Cilia (Spirotrichia). Czas wybielania roztworu roboczego w badaniu aktywności mikroflory bliznowatej w kontroli i doświadczeniu był do normy fizjologicznej (3 minuty). Podczas badania zawartości pH w bliznach zwierząt doświadczalnych stwierdzono, że w badaniach kontrolnych wskaźnik ten był na poziomie 7,0-7,3. Po 21 dniach aromatyzowania acevandol (doświadczenie) pH blizny pozostało na poziomie kontrolnym w ramach normy fizjologicznej (6.9-7.4). Tak więc wprowadzenie do diety zwierzęcia doświadczalnego acevandolu smakowego nie ma negatywnego wpływu na aktywność mikroflory i poziom pH zawartości blizny.

Wnioski

1. Wapień dolomitowy może być stosowany jako mineralny składnik dodatku aromatyzującego dla młodego bydła.

2. Dodatki aromatyczne dla cieląt nr 1 (wanilia, mieszanina kwasu jabłkowego i bursztynowego (1:1), wapień dolomitowy), nr 2 (waniliowy kwas jabłkowy, wapień dolomitowy) i nr 3 (wanilia, kwas bursztynowy, wapień dolomitowy) rozpuszczają się w wodzie z pozostałością i całkowicie rozpuszczają się w kwasie solnym. Podniesienie temperatury do 37,5° (temperatura ciała zwierzęcia) przyspiesza proces rozpuszczania.

3. Wprowadzenie do diety zwierzęcej dodatku zawierającego 0,1% wanilii, 69,9% kwasu jabłkowego i 30% wapienia dolomitowego (dodatek smakowy acevandol) nie ma negatywnego wpływu na funkcje życiowe mikroflory i poziom pH blizny.

4. Zgodnie z klasyfikacją substancji chemicznych według stopnia zagrożenia (GOST 12.1.007-76), acewandole są klasyfikowane jako klasa IV zagrożenia - małe zagrożenie.

ROZDZIAŁ 4. NATURALNA ODPORNOŚĆ I PRODUKTYWNOŚĆ CIELĄT W PRZYPADKU STOSOWANIA RÓŻNYCH DODATKÓW AROMATYCZNYCH

4.1 Higieniczna ocena warunków utrzymania i karmienia cieląt w trakcie doświadczeń naukowych i ekonomicznych

Naukowe i ekonomiczne doświadczenia w celu określenia najbardziej efektywnego smaku opracowanych dodatków zostały przeprowadzone w okresie zimowym na terenie pierwszego okresu kompleksu przemysłowego na uprawie i tuczu młodego bydła CJSC "Lipovtsy" obwodu witebskiego. Eksperymentalne byki były trzymane w jednym i tym samym typowym pomieszczeniu w osiemnastu rozcinarkach, nieregularnie. Powierzchnia podłogi na głowę wynosiła 1,5 m2, a front żerowania 0,4 m, co odpowiadało RNTP 1-2004.

Organizację mikroklimatu u cielęcia zapewniał system wymuszonego nawiewu i wywiewu powietrza. Napływ - przez kanały, wydech - przez szyby wydechowe i podziemne kanały wydechowe. Parametry mikroklimatu cieląt podczas prowadzenia badań przedstawiono w tabeli 4.1.

Tabela 4.1. - Stan mikroklimatu w cielęcinie ZAO Lipovtsy

Wskaźniki mikroklimatu	Parametry	Normy (RNTP-1-2004)
Temperatura, °C.	$\frac{15,0\text{-}19,0}{16,9}$	$\frac{12\text{-}16}{15}$
Wilgotność względna, %	$\frac{76\text{-}78}{77,1}$	$\frac{50\text{-}85}{70}$
Prędkość powietrza, m/s (okres zimowy)	$\frac{0,19\text{-}0,50}{0,35}$	0,4
Amoniak, mg/m3	$\frac{4,0\text{-}6,0}{5,0}$	15,0
Zanieczyszczenie mikrobiologiczne, tys. CFU/m3	$\frac{80,8\text{-}93,0}{86,9}$	70

Uwaga: *dalej - licznik - oscylacje, mianownik - średnia.*

Z tabeli 4.1 wynika, że temperatura powietrza w różnych punktach strefy roboczej obiektu hodowlanego zwierząt w czasie badań wynosiła od 15,0 do 19,0°C i wynosiła średnio 16,9°C. Wilgotność względna utrzymywała się na poziomie 76-78% w ciągu całego doświadczenia, nie przekraczając wartości normatywnej. Prędkość powietrza (0,35 m/s) i zawartość amoniaku w cielęcinie (5,0 mg/m3) spełniały wymagania RNTP-1-2004 [121]. Mikrobiologiczne zanieczyszczenie powietrza w pomieszczeniach mieściło się w granicach 80,8-93,0 tys. UEE/m3, przekraczając normę o 16,9 tys. UEE/m3.

Główna dieta zwierząt doświadczalnych (dieta cieląt grupy kontrolnej) obejmowała mieszankę mleka suszonego, paszę mieszaną, siano i sianokiszonkę.

W pierwszym miesiącu po postoju cieląt stosowano paszę mieszaną KR-1B, w kolejnych dekadach okresu doświadczalnego - paszę mieszaną KR-2B.

Mieszanka paszowa КР-1Б jest przeznaczona do żywienia cieląt 10-75-dniowych, ma strukturę (w % masy): kukurydza - 25,0; pszenica - 25,0; jęczmień - 21,0; mączka sojowa - 18,0; hydroliza drożdży paszowych - 6,5; kreda pastewna - 1,6; słona żywność do gotowania - 0,2; tłuszcz roślinny - 1,7; premiks - 1,0.

Mieszanka paszowa КР-2Б przeznaczona jest dla cieląt w wieku 76-115 dni (w % wagowych): pszenica - 25,1; jęczmień - 40,4; otręby pszenne - 10,0; mączka słonecznikowa - 15,0; hydroliza drożdży paszowych - 6,5; kreda pastewna - 1,5; sól kuchenna - 0,5; premiks - 1,0.

Zastosowano siano klasy 1, wysiewaną fasolę i zboża. Zgodnie z GOST 4808-87 jakość siana spełniała wymogi regulacyjne: zawartość suchej masy - 83, frakcja masowa surowego białka w suchej masie - co najmniej 14%, zawartość karotenu w suchej masie co najmniej 30 mg/kg, składnik odżywczy 1 kg suchej masy (energia wymiany) - 9,1 M J / kg, jednostki paszy co najmniej 0,67. Senazh - Klasa 1, z roślin strączkowych i traw strączkowych, nasączonych do wilgotności 45-55%. Zgodnie z GOST 23637-90 jakość sianokiszonki spełniała wymogi regulacyjne: frakcja masowa w suchej masie - nie mniej niż 40-55%, frakcja masowa w suchej masie białka surowego - nie mniej niż 16%, frakcja masowa w suchej masie włókna surowego - nie mniej niż 30%. Wskaźniki te wspierały wyniki badań pasz dostępnych w gospodarstwie.

W podstawowej dawce pokarmowej cieląt z drugiej, trzeciej i czwartej grupy doświadczalnej metodą stopniowego mieszania w ciągu 60 dni w mieszance z paszami mieszanymi wprowadzono dodatki nr 1, nr 2 i nr 3 zawierające odpowiednio: wanilia, mieszanina kwasu bursztynowego i kwasu jabłkowego (1:1), wapień dolomitowy; wanilia, kwas jabłkowy, wapień dolomitowy; wanilia, kwas bursztynowy, wapień dolomitowy, obliczone jako 0,5% paszy. Wanilia została wprowadzona do diety cieląt z 5 grup doświadczalnych w dawce 0,1% do paszy.

W wyniku przeprowadzonych badań ustalono, że we wszystkich grupach doświadczalnych jadalność mieszanki suchego mleka i pasz mieszanych w okresie badań wynosiła 100 % według diety. Nieco inny obraz zaobserwowano dla tego wskaźnika w odniesieniu do jedzenia siana i sianokiszonki (tabela 4.2).

Tabela 4.2. - Pobór paszy przez woły grup doświadczalnych przez pierwsze dwa miesiące okresu wegetacyjnego od 1 do 3 miesiąca życia (na głowę)

Corma	Norma dla diety	Grupy				
		1 (K)	2	3	4	5
1	2	3	4	5	6	7
Wzór suchego mleka, kg	28,9	28,9	28,9	28,9	28,9	28,9
% do kontroli		100,0	100,0	100,0	100,0	100,0
Pasza, kg	25,5	25,5	25,5	25,5	25,5	25,5
% do kontroli		100,0	100,0	100,0	100,0	100,0
Siano, kg	38,4	35,9	38,2	38,2	39,0	35,9
% do kontroli		100,0	106,5	106,5	108,7	100,0
Senazh, kg	27,3	22,0	22,0	22,0	22,0	22,8
% do kontroli		100,0	100,0	100,0	100,0	103,7
Spożycie paszy na kg przyrostu żywej wagi byków, k. jednostka / kg		2,02	1,97	1,93	1,94	1,94

Kontynuacja tabeli 4.2.

Z tabeli wynika, że siano spożywane przez cielęta z grupy kontrolnej w okresie doświadczenia wynosiło 93,4% w porównaniu ze standardem technologicznym wskazanym w diecie, ale siano spożywane przez woły z drugiej i trzeciej grupy doświadczalnej przekraczało ten wskaźnik w grupie kontrolnej o 6,5%, a w czwartej o 8,7%. W piątej grupie eksperymentalnej, w której do diety cieląt wprowadzono smak waniliowy, nie odnotowano wzrostu zdolności do jedzenia siana (ryc. 1).

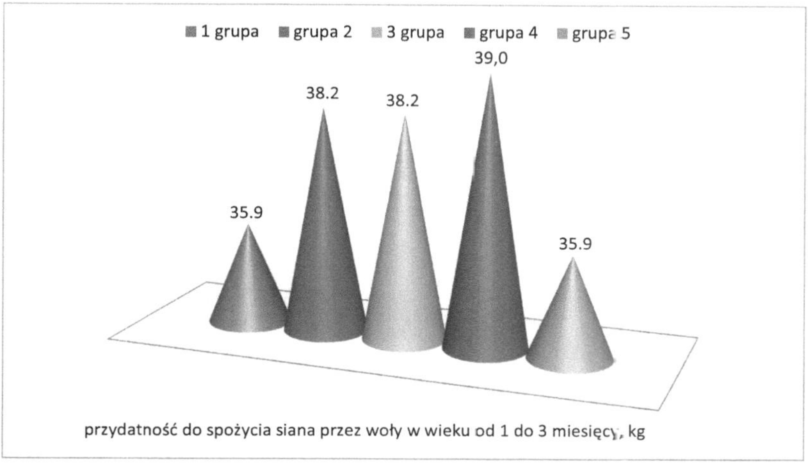

Rysunek 1. - Jedzenie siana przez woły grup doświadczalnych w pierwszych dwóch miesiącach okresu wegetacyjnego od 1 do 3 miesiąca życia (na głowę)

Jedzenie siana przez woły pierwszej grupy kontrolnej, a także drugiej, trzeciej i czwartej grupy doświadczalnej było niskie i wynosiło 80,6% normy technologicznej. W 5. grupie eksperymentalnej wskaźnik ten przekroczył kontrolę o 3,7%, nie osiągając standardu. Najwyraźniej niska zdatność do spożycia sianokiszonki wynika z jej niskich walorów smakowych. We wszystkich grupach pilotażowych istniała tendencja do zwiększania opłacalności karmy.

Tak więc przy przeprowadzaniu eksperymentów naukowych i ekonomicznych warunki utrzymania cieląt i ich żywienia spełniały na ogół wymagania technologiczne. Stwierdzono nadmiar zanieczyszczeń mikrobiologicznych powietrza cielęcego o 16,9 tys. CFU/m3 i nie pełną zdolność do spożycia siana i sianokiszonki.

Wprowadzenie aromatycznych dodatków smakowych do diety wołów doświadczalnych pozwoliło na zwiększenie przydatności pokarmowej paszy o 3,7 - 8,7 %, co sprzyjało dodatniej dynamice tworzenia się układu pokarmowego wołów doświadczalnych i zwiększeniu zwrotu z inwestycji.

4.2 Naturalna odporność organizmu, wskaźniki biochemiczne i morfologiczne krwi cielęcej przy stosowaniu dodatków aromatycznych na bazie kwasów organicznych

W wyniku przeprowadzonych badań stwierdzono, że wskaźniki naturalnej odporności organizmu zwierząt doświadczalnych mieściły się w granicach wahań fizjologicznych bez wiarygodnych różnic między grupami i odpowiadały normie wieku. Wprowadzenie do diety badanych aromatów stymulowało naturalne czynniki ochronne organizmu zwierzęcia. Aktywność bakteriobójcza surowicy krwi cielęcej z pierwszej grupy kontrolnej na początku badań wynosiła odpowiednio 45,27±5,41%, drugiej, trzeciej, czwartej i piątej grupy doświadczalnej: 46,71±3,98; 45,73±5,28; 45,6±4,51 oraz 46,3±5,71% (rysunek 2).

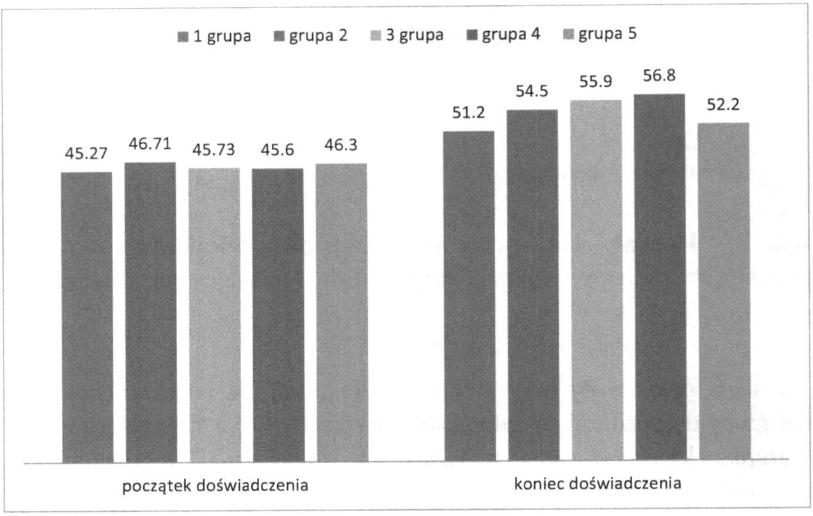

Rysunek 2. - Aktywność bakteriobójcza surowicy przy wprowadzaniu do diety aromatycznych dodatków smakowych, %.

Pod koniec doświadczenia aktywność bakteriobójcza surowicy krwi cielęcej 2, 3 i 4 grup doświadczalnych, które otrzymały badane dodatki zawierające kwas jabłkowy i bursztynowy, wynosiła 54,5; 55,9 ($p<0,01$) i 56,8 ($p<0,01$) %, przekraczając ten wskaźnik w grupie kontrolnej odpowiednio o 3,3; 4,7 i 5,6 %. Aktywność bakteriobójcza surowicy krwi cieląt z grupy 5 pozostała praktycznie na poziomie pierwszej grupy, osiągając 52,2±3,19 % wobec 51,2±2,96 % w grupie kontrolnej.

Aktywność lizozymu w surowicy zwierząt kontrolnych na początku doświadczenia była na poziomie 2,38±0,18 %, cieląt z 2, 3, 4 i 5 grup doświadczalnych - odpowiednio 2,41; 2,46; 2,52 i 2,30 % (rysunek 3).

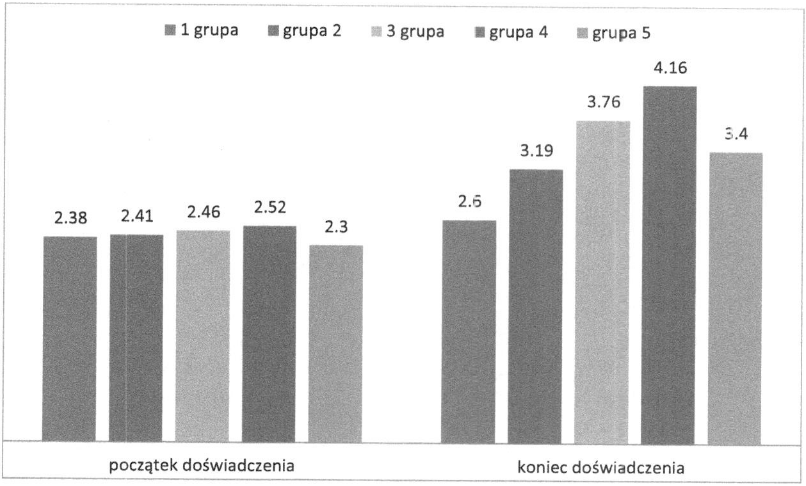

Rycina 3 - Aktywność lizozymu w surowicy krwi przy wprowadzaniu do diety środków aromatyzujących, %.

Po 60 dniach stosowania badanych dodatków smakowych aktywność lizozymu w surowicy krwi cielęcej w 2, 3 i 4 grupach doświadczalnych wynosiła 3,19-4,16%, przewyższając kontrolę o 0,59-1,56%.

Wzrost aktywności bakteriobójczej surowicy krwi cielęcej 3 i 4 grup doświadczalnych w stosunku do zwierząt z grupy kontrolnej wynosił odpowiednio 4,70% i 5,60% ($p<0,01$), a aktywności lizozymu - 1,16 i 1,56% ($p<0,01$).

Poziom czynników ochrony komórkowej cieląt był oceniany na podstawie aktywności fagocytarnej neutrofili (ryc. 4).

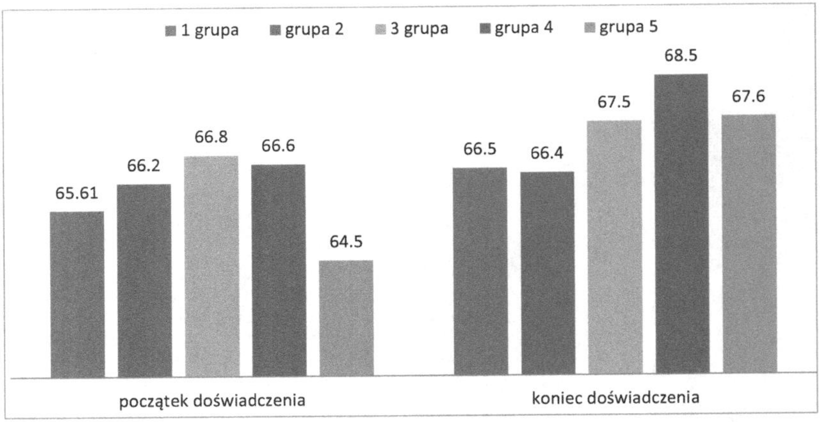

Rys. 4. - Aktywność fagocytarna neutrofili przy wprowadzaniu do diety aromatycznych dodatków smakowych, %.

Na początku doświadczenia aktywność fagocytarna neutrofili u cieląt z 1, 2, 3, 4 i 5 grup doświadczalnych wynosiła odpowiednio 65,61±1,84%; 66,2±2,53%; 66,8±1,40%; 66,6±1,78% i 64,5±1,78%. Po 60 dniach karmienia suplementami, dorastała we wszystkich grupach doświadczalnych. Dla cieląt doświadczalnych z grup 2, 3, 4 i 5 wskaźnik ten wynosił odpowiednio 66,40±2,01%; 67,5±1,18%; 68,5±0,53% i 67,6±1,17% oraz przekroczył kontrolę (66,5±1,65)%. Nie stwierdzono jednak wiarygodnych różnic w aktywności fagocytarnej neutrofili pomiędzy tymi grupami.

Tym samym wprowadzenie aromatycznych dodatków smakowych do diety badanych osób miało pozytywny wpływ na poziom naturalnej odporności ich organizmu. Wprowadzenie do diety cieląt dodatków zawierających kwas jabłkowy i sukcynowy pozwoliło zwiększyć aktywność bakteriobójczą surowicy krwi odpowiednio o 4,70% i 5,60%, aktywność lizozymu - o 1,16 i 1,56% ($p<0,01$). W tym przypadku największy efekt biologiczny miał dodatek № 3, zawierający w swoim składzie kwas bursztynowy.

U cieląt doświadczalnych, na początku doświadczenia, chemia krwi znajdowała się w granicach fizjologicznych bez wiarygodnych różnic między grupami. Zawartość białka całkowitego w surowicy krwi zwierząt doświadczalnych była na poziomie 63,43 - 65,70 g/l podczas badania. Poziomy albumin mieściły się w przedziale 30,74-32,08 g/l, α-globulin 11,55-12,23 g/l, β-globulin 9,33-9,65 g/l, γ-globulin 10,81-11,98 g/l. Pod koniec doświadczenia całkowita zawartość białka w surowicy cieląt w trzeciej grupie doświadczalnej wzrosła statystycznie o 10,5% ($p<0,001$), a w czwartej o 13,1% ($p<0,01$), wynosząc odpowiednio 71,6±1,69 i 73,3±1,63 g/l, natomiast norma wynosiła 72-86 g/l (ryc. 5).

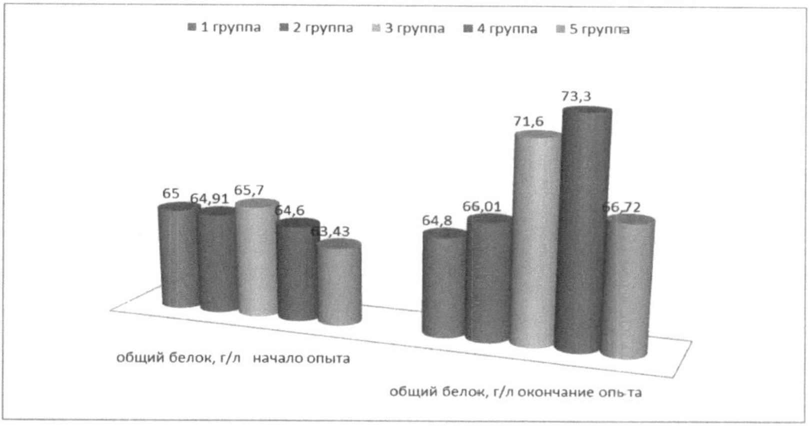

Rysunek 5. - Zawartość białka całkowitego w surowicy krwi przy podawaniu w diecie środków aromatyzujących, g/l

Wzrost ten wynikał głównie ze wzrostu stężenia γ-globulin, których poziom we krwi cieląt z trzeciej i czwartej grupy niezawodnie wzrósł w porównaniu z kontrolą o 18,8% ($p<0,05$) i 29,6% ($p<0,05$) i wyniósł odpowiednio 13,2±0,66 i 14,4±0,63 g/l (ryc. 6).

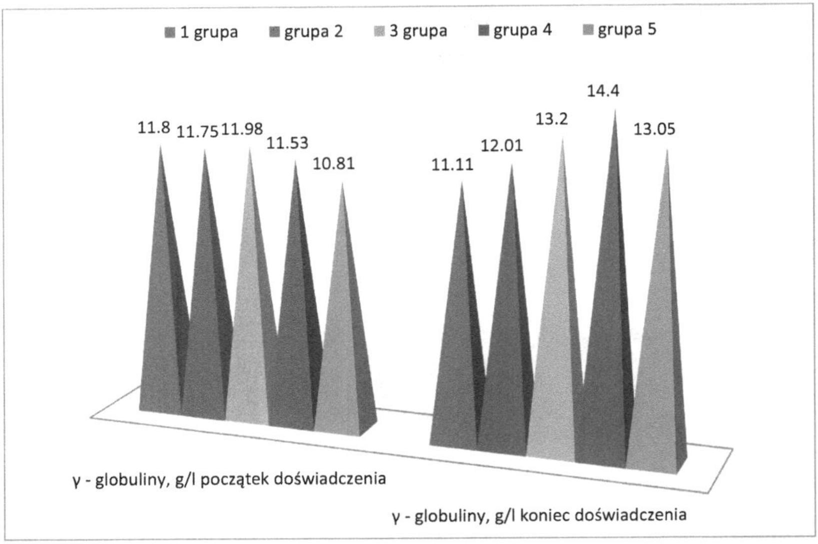

Rysunek 6. - Zawartość γ - globulin w surowicy krwi przy wprowadzaniu aromatycznych dodatków do racji żywnościowych

Zawartość albumin w surowicy krwi cielęcej 2, 3, 4 i 5 grupy doświadczalnej pod koniec doświadczenia również przekroczyła wskaźnik kontrolny 32,22±1,36 g/l i wynosiła odpowiednio 33,86±0,93, 37,39±1,56, 38,76±0,62 i 32,66±1,83 g/l, ale nie stwierdzono wiarygodnych różnic pomiędzy grupami. Różnice te wynikają z zawartości kwasów organicznych w badanych dodatkach, które aktywowały metabolizm i tym samym stymulowały nieswoistą odporność.

Na poziom innych badanych frakcji białkowych nie miało istotnego wpływu wprowadzenie dodatków smakowych do diety cieląt badanych aromatów.

Wprowadzenie do diety cieląt 2, 3 i 4 grup doświadczalnych badanych dodatków smakowych zawierających kwasy organiczne i wapień dolomitowy miało pozytywny wpływ na wymianę mineralną cieląt. Zawartość wapnia w surowicy krwi cielęcej grup doświadczalnych cieląt mieściła się w granicach 2,13±0,148 - 2,23±0,187 mmol/l (norma 2,1-2,8 mmol/l), fosforu - 1,50±0,180 - 1,63±0,174 mmol/l (norma 1,45-1,94 mmol/l). Zawartość pierwiastków śladowych w surowicy krwi cieląt doświadczalnych odpowiadała normie fizjologicznej. Poziom magnezu wahał się w granicach 0,80±0,112 - 0,91±0,117 mmol/l (w normie 0,7-1,23 mmol/l), miedzi - 12,5±1,62 - 13,2±1,38 μmol/l (przy 11,8-14,9 mmol/l), mangan - 2,60±0,111 -

2,71±0,136 mmol/l, kobalt - 0,38±0,942 - 0,47±0,062 mmol/l.

Pod koniec okresu badań zawartość makroelementów w surowicy krwi badanych cieląt, pozostając w granicach fizjologicznych, nieznacznie wzrosła. W surowicy cieląt z 2. i 4. grupy doświadczalnej, w diecie których podawano suplementy dolomitowe, zawartość wapnia przekroczyła ten wskaźnik u zwierząt kontrolnych odpowiednio o 10,9 i 14,7%, bez wiarygodnych różnic między grupami (ryc. 7).

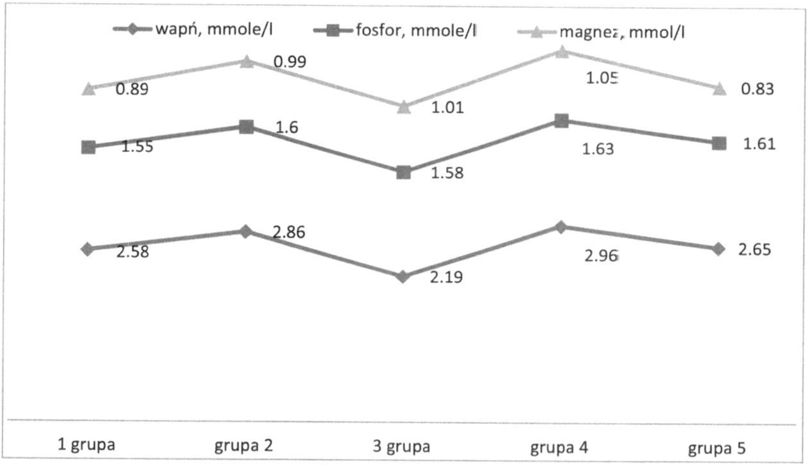

Rysunek 7. - Zawartość wapnia, fosforu, magnezu w surowicy krwi przy wprowadzaniu środków aromatyzujących pod koniec doświadczenia, mol/l

Pod koniec badań odnotowano wzrost poziomu magnezu we wszystkich grupach zwierząt doświadczalnych. Dla cieląt z grup 2, 3 i 4 przekroczył on kontrolę średnio o 13,5%.

Podobny wzór zaobserwowano pod koniec doświadczeń dotyczących zawartości innych badanych pierwiastków śladowych: miedzi, manganu i kobaltu (rys. 8).

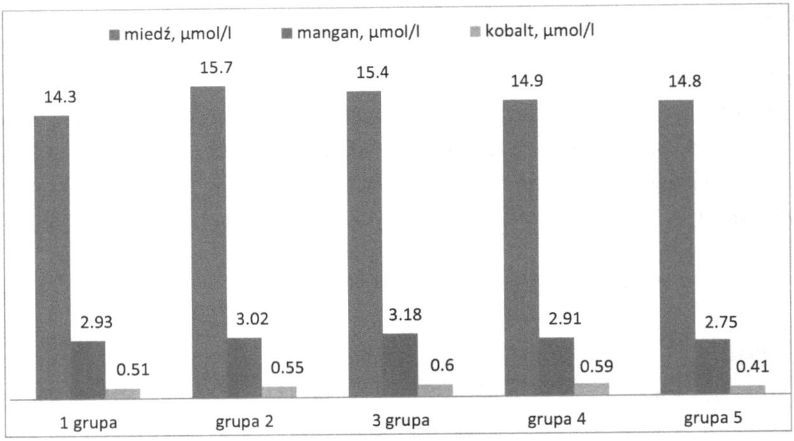

Rysunek 8. - Zawartość miedzi, manganu, kobaltu w surowicy krwi cielęcej po dodaniu do diety środków aromatyzujących pod koniec doświadczenia, mol/l.

W surowicy krwi zwierząt otrzymujących badany dodatek zawierający wapień dolomitowy pod koniec doświadczenia stwierdzono wyższe poziomy miedzi, manganu i kobaltu, ale bez statystycznie istotnych różnic między grupą doświadczalną a kontrolną.

Aktywność AAt na początku doświadczenia z cielętami z grup doświadczalnych była na poziomie 0,41±0,02 - 0,49±0,04 µcatal/l, aktywność AAt była na poziomie 0,47±0,03 - 0,66±0,03 µcatal/l. Na koniec badań u cieląt w grupach doświadczalnych aktywność ASA rejestrowano odpowiednio w granicach 0,40±0,03-0,50±0,02 µcatal/l, a aktywność ASA w granicach 0,49±0,03 - 0,67±0,02 µcatal/l. Nie stwierdzono wiarygodnych różnic w aktywności tych enzymów w kontroli i u cieląt, które pod koniec doświadczenia otrzymały badane dodatki smakowe, co pośrednio wskazuje, że badane dodatki nie są toksyczne.

Tym samym wprowadzenie aromatycznych dodatków smakowych zawierających kwas jabłkowy i sukcynowy do diety cieląt z grup doświadczalnych nie miało toksycznego wpływu na organizm, przyczyniając się do poprawy wskaźników biochemicznych: Wiarygodny wzrost zawartości białka całkowitego w surowicy krwi odpowiednio o 10,5% ($p<0,001$) -13,1% ($p<0,001$), γ-globulin o 18,8% ($p<0,01$) i 29,6% ($p<0,01$), co pośrednio wskazuje na wzrost stanu odpornościowego zwierząt.

Na początku doświadczenia badane wskaźniki morfologiczne krwi i zawartość hemoglobiny we krwi zwierząt doświadczalnych były na porównywalnym poziomie, bez wiarygodnych różnic między grupami i odpowiadały normie wieku. Zawartość leukocytów była na poziomie 6,25±0,28 - 6,46±0,36x109/l, erytrocytów - 6,94±0,28 - 7,26±0,17x1012/l. Poziom hemoglobiny wynosił 94,0±2,98 - 96,0±4,03 g/l (tab. 4.3).

Tabela 4.3. - Wskaźniki morfologiczne krwi cielęcej

Wskaźniki	1. Test Grupa	2. grupa eksperymen talna	3. grupa eksperymen talna	4. grupa eksperymen talna	piąty grupa eksperymen talna
1	2	3	4	5	6

Kontynuacja tabeli 4.3.

1	2	3	4	5	6
Na początku doświadczenia.					
Leukocyty, 109/l	6,46±0,36	6,62±0,27	6,42±0,34	6,25±0,28	6,34±0,18
Erytrocyty, 1012/l	7,0±0,41	7,05±0,36	6,94±0,28	7,17±0,21	7,26±0,17
Hemoglobina, g/l	94,5±2,17	96,0±4,03	95,6±2,88	94,0±2,98	95,7±3,20
Pod koniec doświadczenia.					
Leukocyty, 109/l	7,02±0,41	6,82±0,27	6,6±0,26	6,44±0,31	6,64±0,28
Erytrocyty, 1012/l	7,17±0,21	7,14±0,20	7,22±0,13	7,1±0,15	7,16±0,22
Hemoglobina, g/l	98,6±5,23	99,7±4,90	102,0±3,92	103,4±5,56	99,0±4,59

Tabela 4.3 pokazuje, że pod koniec okresu doświadczalnego wskaźniki morfologiczne krwi, pozostając w granicach fizjologicznych, nieznacznie wzrosły, ale nie stwierdzono istotnych statystycznie różnic między grupami leukocytów i erytrocytów. Jednocześnie istnieje tendencja do wzrostu poziomu hemoglobiny we krwi cieląt otrzymujących dodatki zawierające kwasy organiczne. W grupie 3 poziom hemoglobiny wynosił 102,0±3,92 g/l, w grupie 4 - 103,4±5,56 g/l, przekraczając kontrolę (98,6±5,23) odpowiednio o 3,4 i 4,8%.

4.3 Wydajność cieląt z wykorzystaniem badanych dodatków smakowych

Jednym z najważniejszych wskaźników charakteryzujących poziom naturalnej odporności organizmu zwierząt gospodarskich jest ich produktywność. Wskaźniki przyrostu masy ciała byków w grupie kontrolnej i doświadczalnej podano w tabeli 4.4.

Tabela 4.4. - Produktywność cieląt przy wprowadzaniu do diety aromatycznych dodatków smakowych

Wskaźniki	Grupy				
	1. test	2. Doświadczony	3. Doświadczony	4. Doświadczony	piąty Doświadczony
Żywa waga, kg: - na początku doświadczenia	42,5±1, 2	45,2±1,0	43,9±1,2	43,6±1,2	44,7±0,7
- w końcu	81,4±2,0	85,7±1,5	85,1±2,1	85,5±1,8	85,4±2,3
Absolutnie. zysk, kg	38,9±2,7	40,5±1,3	41,2±1,9*	41,3±1,9*	40,7±2,6
% do kontroli	100,0	104,1	105,9	106,2	104,6
Average daily gain, d	648±4,6	675±2,2	686±3,2	688±3,2	678±4,4
% do kontroli	100,0	104,1	105,9	106,2	104,6

Uwaga: tutaj i dalej * - P<0,05

Z tabeli wynika, że żywa waga cieląt była na tym samym poziomie i wynosiła 42,5±1,2 - 45,2±1,0 kg. Zastosowanie badanych dodatków smakowych w ciągu 60 dni przyczyniło się do zwiększenia wydajności zwierząt doświadczalnych. Pod koniec okresu doświadczalnego w drugiej grupie doświadczalnej przyrost masy ciała w relacji pełnej przekroczył kontrolę o 4,1%, w trzeciej grupie o 5,9% ($p<0,05$), w czwartej grupie o 6,2% ($p<0,05$). Średnia dzienna kontrola wzrostu wynosiła 4,6 % dla cieląt z grupy 5 z "podstawowym" suplementem w diecie. Najwyższe średnie dzienne przyrosty żywej wagi występowały u cieląt z trzeciej i czwartej grupy - 686 i 688g, w diecie których wprowadzono aromaty, w tym dolomit "dolnej łopatki", kwas jabłkowy i kwas bursztynowy. W drugiej i piątej grupie wskaźnik ten był nieco niższy i wynosił odpowiednio 675 i 678.

Uzyskane dane były wynikiem korzystnego działania kwasów organicznych na organizm zwierząt. W połączeniu z mineralnym kompleksem składników niezbędnych dla organizmu, które składają się na ten dodatek, kwasy organiczne stymulowały przemianę materii, przyczyniając się do lepszego wchłaniania składników odżywczych paszy i zwiększenia jej przydatności do spożycia.

Tak więc zastosowanie dodatków smakowych, w tym jabłkowego i kwasowego, lokalnego naturalnego surowca - wapienia dolomitowego, u rosnących cieląt, przyczyniło się do wiarygodnego wzrostu średniej dobowej masy żywej buhajów o 5,9%-6,2% ($p<0,05$).

Stosunkowo niski efekt uzyskano z dodatku nr 1, zawierającego mieszaninę tych kwasów w stosunku 1:1. Najwyraźniej interakcja kwasu jabłkowego i sukinowego, które są częścią dodatku, doprowadziła do aktywacji procesu tworzenia się soli, zmniejszając rozpuszczalność dodatku, a w konsekwencji jego działanie biologiczne. Podstawowy dodatek waniliowy wykazał również niską aktywność stymulującą wzrost.

4.4 zachorowalność i bezpieczeństwo cieląt

W trakcie doświadczeń w pierwszej grupie kontrolnej zachorowały dwa zwierzęta: cielę w wieku 1,5 miesiąca z rozpoznaniem ostrego katarropneumonia oraz cielę w wieku 2,5 miesiąca z rozpoznaniem ostrego katarropneumonia. W drugiej grupie badanej odnotowano również dwa przypadki cieląt: cielę w wieku 2 miesięcy z ostrym katarrhalowym zapaleniem macicy i cielę w wieku 2 miesięcy z ostrym katarrhopowym zapaleniem płuc. W trzeciej grupie doświadczalnej u jednego cielęcia w wieku 1,5 miesiąca rozpoznano ostre katarralne zapalenie jamy brzusznej macicy. W czwartej grupie eksperymentalnej nie było przypadków zwierząt. W piątej grupie doświadczalnej u cielęcia w wieku 1 miesiąca i 9 dni rozpoznano ostre katarralne zapalenie jamy brzusznej macicy. W okresie badań w grupach doświadczalnych nie wystąpiły żadne straty zwierząt. Choroby związane są z adaptacją organizmu byków przy pozyskiwaniu zwierząt gospodarskich i umieszczaniu zwierząt w strefie wzrostu.

Zachorowalność cieląt w okresie trwania doświadczenia wynosiła 20% w grupie kontrolnej, 20% w drugiej grupie doświadczalnej, 10% w trzeciej grupie doświadczalnej, 0% w czwartej grupie doświadczalnej i 10% w piątej grupie doświadczalnej. 100% zwierząt we wszystkich grupach doświadczalnych zostało zachowanych. Wprowadzenie do dawek pokarmowych wołów dodatku smakowo-zapachowego nr 2, zawierającego w swoim składzie kwas jabłkowy, pozwoliło na zmniejszenie zachorowalności o 10%, a dodatku smakowo-zapachowego nr 3, zawierającego w swoim składzie kwas bursztynowy - o 20%, co wskazuje na ich właściwości immunostymulacyjne.

4.5 Efektywność ekonomiczna stosowania badanych dodatków aromatycznych na bazie kwasów organicznych i składników mineralnych w uprawie cieląt

Najważniejszym rezultatem badań naukowych w dziedzinie nauk rolniczych jest obniżenie kosztów ekonomicznych produkcji. W celu uzyskania porównywalnych kwot kosztów związanych ze stosowaniem badanych dodatków i wynikających z tego zysków, kwotę kosztów i wytworzonych produktów przeliczono na formę wartościową. Do oceny skuteczności zaproponowanej metody zwiększania odporności i wydajności cieląt poprzez zastosowanie opracowanych różnych aromatów dodatków aromatycznych wykorzystano wskaźniki charakteryzujące ich rzeczywistą efektywność ekonomiczną. Skuteczność została określona na podstawie 18 celów w rublach białoruskich (tabela 4.5).

Tabela 4.5 - Efektywność kosztowa różnych opcji smakowych w diecie cieląt

Wskaźniki	Grupy				
	1	2	3	4	5
1	2	3	4	5	6
Liczba wołów w grupie, szefie.	18	18	18	18	18
Czas trwania doświadczenia, dni.	60				
Absolutny przyrost masy ciała cieląt, kg	700,2	729,0	741,6	743,4	732,6
Otrzymane produkty dodatkowe, kg	-	28,8	41,4	43,2	32,4
Realizatsionnaya cena wołowiny, pocierać.	5950,00				
Koszt otrzymanych dodatkowych produktów, RUR	-	171360,0	246330,0	257040,0	192780,0
Koszt dodatku wydanego na okres doświadczenia, potrzeć.	-	39931,67	33579,25	48607,90	52927,56
Koszt karmy dodatkowo wydanej w okresie doświadczenia, potrzeć.	-	12563,10	12563,10	16750,8	4187,70

Kontynuacja tabeli 4.5.

1	2	3	4	5	6
Skorzystaj z suplementacji diety cielęcej, potrzyj.	-	118865,2	200187,6	191681,3	121794,3
Zwrot wydatków, pocieranie się o wydatki.	-	2,26	4,34	2,93	1,42

Koszt samego dodatku został wykorzystany odpowiednio w drugiej, trzeciej, czwartej i piątej grupie: 15845,90; 13325,10; 19288,85; 21003,00.

Tak więc, przy porównawczej ocenie wskaźników ekonomicznych otrzymanych w wyniku wprowadzenia do diety byków na wzrost opracowanych różnych wariantów aromatycznych dodatków smakowych, najwyższa efektywność ekonomiczna (zwrot) w przeliczeniu na 1 rubel wydatków, została otrzymana od wprowadzenia do diety cieląt aromatycznych dodatków smakowych № 2 zawierających kwas jabłkowy i wapień dolomitowy.

Wnioski

1. Przy przeprowadzaniu doświadczeń naukowych i ekonomicznych warunki utrzymania cieląt i żywienia jako całości odpowiadały wymaganiom technologicznym. Nie było całkowitego zjedzenia siana i sianokiszonki. Wprowadzenie aromatycznych dodatków smakowych do diety wołów doświadczalnych pozwoliło na zwiększenie przydatności pokarmowej siana o 3,7 - 8,7%, co sprzyjało dodatniej dynamice tworzenia się układu pokarmowego wołów doświadczalnych.

2. Tworzenie się naturalnego oporu ciała cieląt ma dynamikę wieku. W wieku miesięcznym BASC cieląt waha się w granicach od 45,27±5,41 do 46,71±3,98 %, LASC - od 2,30±0,09 do 2,46±0,025 %, FAN - od 64,50±1,78 do 66,80±1,40 %; W wieku 90 dni BASK wzrasta do 51,20±2,96 - 56,80±2,92 %, LASCO - do 2,60±0,09 - 4,16±0,39 %, FAN - z 66,40±2,01 do 68,50±0,53 %.

3. Wprowadzenie dodatków smakowych zawierających wanilię, kwas jabłkowy, kwas bursztynowy, wapień dolomitowy do diety cieląt przez pierwsze 2 miesiące okresu wzrostu badanych dodatków smakowych pozwala na zwiększenie aktywności bakteriobójczej surowicy krwi cielęcej odpowiednio o 4,7% i 5,6% (p</ b>).0,01), aktywność lizozymu w surowicy krwi o 1,16 i 1,56% (p<0,01), zawartość białka całkowitego we krwi o 10,5% (p<0,05) i 13,1% (p<0,01), w tym frakcji γ-globulin o 8,8% (p<0,05) i 9,6% (p<0,01).

4. Zastosowanie dodatków smakowych, w tym wanilii, kwasu jabłkowego, kwasu bursztynowego, wapienia dolomitowego, po raz pierwszy od 2 miesięcy w okresie wzrostu byków dodatków smakowych, przyczynia się do zwiększenia średniego dziennego przyrostu żywej wagi o 5,9 - 6,2% (p<0,05) i zmniejszenia zachorowalności o 10-20%.

5. Zysk netto z pierwszych 2 miesięcy po ustaleniu na okres wzrostu byka:

- Dodatek aromatyzujący nr 1 zawierający wanilię, mieszaninę kwasu jabłkowego i bursztynowego (1:1), wapień dolomitowy, to 105612,79rub..;

- dodatek aromatyzujący nr 2 zawierający wanilię, kwas jabłkowy, wapień dolomitowy (acewandol) to 179545,00 rubli

- dodatek smakowy nr 3 zawierający wanilię, kwas bursztynowy, wapień dolomitowy to 166931,19 rubli..;

- Aromat waniliowy (dodatek podstawowy) to 121794,3 rubli.

Wyniki badań pokazują, że największy biologiczny wpływ na organizm cieląt z badanych wariantów dodatków smakowych ma dodatek № 3, który zawiera kwas bursztynowy. Jednakże, ze względu na niższe koszty, maksymalny zysk w naszych badaniach został osiągnięty poprzez wprowadzenie dodatku nr 2, który zawiera kwas jabłkowy, do diety cieląt. Ze względu na fakt, że opracowany przez nas dodatek nr 2 zawiera kwas, wanilię i wapień dolomitowy, nazwaliśmy go acewandlem i wykorzystaliśmy go w dalszych badaniach.

ROZDZIAŁ 5. NATURALNA ODPORNOŚĆ I PRODUKTYWNOŚĆ CIELĄT PRZY STOSOWANIU ACEWANDOLI

5.1 Ogólna charakterystyka dodatku aromatyzującego acevandol

Dodatek aromatyzujący Acevandol jest drobnym proszkiem o szarym kolorze kwaśnego smaku z zapachem waniliny. Zawiera aromat waniliowy, kwas jabłkowy i składnik mineralny. Kompatybilny z wszystkimi składnikami paszy. Rozpuszcza się w wodzie z pozostałością, w kwasie solnym całkowicie, wzrost temperatury zwiększa proces rozpuszczania. Zalecany do stosowania w celu zwiększenia naturalnej odporności organizmu i wydajności cieląt.

Mechanizm działania dodatku aromatyzującego acevandol nie został szczegółowo zbadany. Oczywiście wynika to z właściwości jego składników.

W szczególności:

1. Kwas jabłkowy podrażnia receptory smakowe i węchowe, pobudzając aktywność wydzielniczą przewodu pokarmowego zwierzęcia, jego zdolność do jedzenia i strawność. Ma ogólne działanie tonizujące, stymulujące procesy metaboliczne w ramach cyklu kwasu trikarboksylowego.

2. Wanilia wzmacnia działanie suplementu na receptory węchowe.

Ponadto, wapień dolomitowy jest dodatkowym źródłem pożywienia mineralnego, a biorąc pod uwagę jego pochodzenie (starożytne osady morskie), dolomit może zawierać biogenne środki pobudzające, o stuletniej historii skutecznego stosowania w medycynie i weterynarii, a jednocześnie o nieustalonym jeszcze mechanizmie działania.

Rezultatem tego złożonego działania acevandolu na cielęta jest wzrost poziomu odporności i wydajności, co potwierdzają nasze wyniki badań.

Dodatek aromatyzujący Acevandol jest produkowany w Witebskich Zakładach Preparatów Weterynaryjnych w opakowaniach 0,1; 0,5; 1; 3; 5 i 10 kg.

5.2 Higieniczna ocena warunków utrzymania i żywienia młodego bydła

Doświadczenie naukowe i ekonomiczne w określaniu odporności i wydajności cieląt z zastosowaniem dodatku smakowego acevandol przeprowadzono od grudnia do marca w miejscu pierwszego okresu (rozszerzenie) kompleksu przemysłowego do tuczu młodego bydła JSC "Lipovtsy" obwodu witebskiego. Testowane osoby były trzymane w typowym pomieszczeniu w 18 głowicowych maszynach z podłogami szczelinowymi, nieregularnie. Powierzchnia podłogi na głowę wynosiła 1,5 m2, a front zasilający 0,4 m, co spełniało wymogi RNTP-1-2004. Organizację klimatu dla cieląt przeprowadził system wentylacji nawiewno-wywiewnej ze sztuczną indukcją powietrza (tabela 5.1).

Tabela 5.1 pokazuje, że temperatura powietrza w pomieszczeniu podczas eksperymentu była zbliżona do wartości optymalnych i wynosiła średnio 13,9°C. Prędkość powietrza i stężenie amoniaku, które wynosiły odpowiednio 0,14-0,41 m/s i 10,0-13,0 mg/m3, nie przekraczały w okresie badań wartości standardowych.

Tabela 5.1. - Wskaźniki mikroklimatu kompleksu cielęcego dla tuczu młodego bydła ZAO Lipovtsy

Wskaźniki mikroklimatu	Parametry	Normy (RNTP-1-2004)
Temperatura, °C	11-17 13,9	12,0-16,0
Wilgotność względna, %	66-88 79,1	50-85
Prędkość powietrza, m/s	0,14-0,41 0,37	0,2-0,4
Amoniak, mg/m3	10,0-13,0 11,3	15,0
Mikrobiologiczne zanieczyszczenie powietrza, tysiące COE/m3	101,7-143,8 122,1	70,0

Wilgotność względna mieściła się głównie w dopuszczalnych granicach, ze średnią wartością 79,1 %, ale w niektórych przypadkach była o 3 % wyższa od wartości dopuszczalnej. Łączne zanieczyszczenie mikrobiologiczne w powietrzu obiektu hodowli zwierząt wynosiło średnio 122,1 tys. CFU/m3, przekraczając wymagania RNTP-1-2004 średnio o 52,1 tys. CFU/m3.

Główna dieta badanych (dieta cieląt grupy kontrolnej) obejmowała mieszankę mleka w proszku, paszę mieszaną, siano i sianokiszonkę.

Do 100-dniowych cieląt stosowano pasze mieszane KR-2B, w kolejnych dekadach okresu doświadczalnego - pasze mieszane KR-3B.

Mieszanka paszowa КР-2Б przeznaczona jest dla cieląt w wieku 76-115 dni (w % wagowych): pszenica - 25,1; jęczmień - 40,4; otręby pszenne - 10,0; mączka słonecznikowa - 15,0; hydroliza drożdży paszowych - 6,5; kreda pastewna - 1,5; sól kuchenna - 0,5; premiks - 1,0.

Mieszanka paszowa KR-3B dla cieląt 116-400 dni (w % masy): jęczmień - 20,0; owies - 21,0; mieszanka zbożowa - 30,0; otręby pszenne - 18,0; mączka sojowa - 4,5; mąka ziołowa - 4,0; kreda pastewna - 1,0; sól kuchenna - 0,5; premiks - 1,0.

Zastosowano siano klasy 1, wysiewaną fasolę i zboża. Zgodnie z GOST 4808-87 jakość siana spełniała wymogi regulacyjne: zawartość suchej masy - 83, frakcja masowa surowego białka w suchej masie - co najmniej 14%, zawartość karotenu w suchej masie co najmniej 30 mg/kg, składnik odżywczy 1 kg suchej masy (energia wymiany) - 9,1 M J / kg, jednostki paszy co najmniej 0,67. Senazh - Klasa 1, z roślin strączkowych i traw strączkowych, nasączonych do wilgotności 45-55%. Zgodnie z GOST 23637-90 jakość sianokiszonki spełniała wymogi regulacyjne: frakcja masowa w suchej masie - nie mniej niż 40-55%, frakcja masowa w suchej masie białka surowego - nie mniej niż 16%, frakcja masowa w suchej masie włókna surowego - nie mniej niż 30%. Wskaźniki te wspierały wyniki badań pasz dostępnych w gospodarstwie.

Zgodnie ze schematem doświadczenia (tabela 2.2), zwierzęta z pierwszej grupy były zwierzętami kontrolnymi i nie otrzymywały ascevandole. W diecie cieląt z drugiej, trzeciej i czwartej grupy doświadczalnej metodą stopniowego mieszania w mieszance z paszami mieszanymi wprowadzono badany dodatek w obliczeniach odpowiednio 0,3; 0,5 i 1,0 % do pasz mieszanych.

W wyniku przeprowadzonych badań ustalono, że we wszystkich grupach doświadczalnych przydatność pokarmowa mieszanki mleka w proszku, pasz mieszanych i siana w okresie badań wynosiła 100% (tabela 5.2).

Tabela 5.2. - Pobór paszy przez woły grup doświadczalnych przy wprowadzaniu acewandolu od 2 do 6 miesiąca życia na 1 głowę)

Corma	Norma dla diety	Grupy			
		1 (K)	2	3	4
Wzór suchego mleka, kg	21,6	21,6	21,6	21,6	21,6
% do kontroli		100,0	100,0	100,0	100,0
Pasza, kg	151,6	151,6	151,6	151,6	151,6
% do kontroli		100,0	100,0	100,0	100,0
Siano, kg	170,7	170,7	170,7	170,7	170,7
% do kontroli		100,0	100,0	100,0	100,0
Senazh, kg	221,6	197,2	197,2	207,1	211,0
% do kontroli		100,0	100,0	105,0	107,0
Spożycie paszy na kilogram przyrostu żywej wagi byków, k. jednostka/kg		3,91	3,89	3,64	3,63

Z tabeli 5.2 wynika, że w grupach doświadczalnych nastąpił spadek spożycia paszy na kg przyrostu masy żywca u byków.

Zdolność pokarmowa sianokiszonki przez cielęta z grupy kontrolnej w stosunku do technologicznego standardu żywienia wskazanego w diecie w okresie doświadczenia wynosiła 88,9%. Wprowadzenie do diety wołów Acevandola pozwoliło zwiększyć ten wskaźnik w 3. grupie eksperymentalnej o 5%, a w 4. grupie eksperymentalnej o 7%. W 2. grupie eksperymentalnej nie stwierdzono wzrostu spożycia sianokiszonki przez woły (ryc. 9).

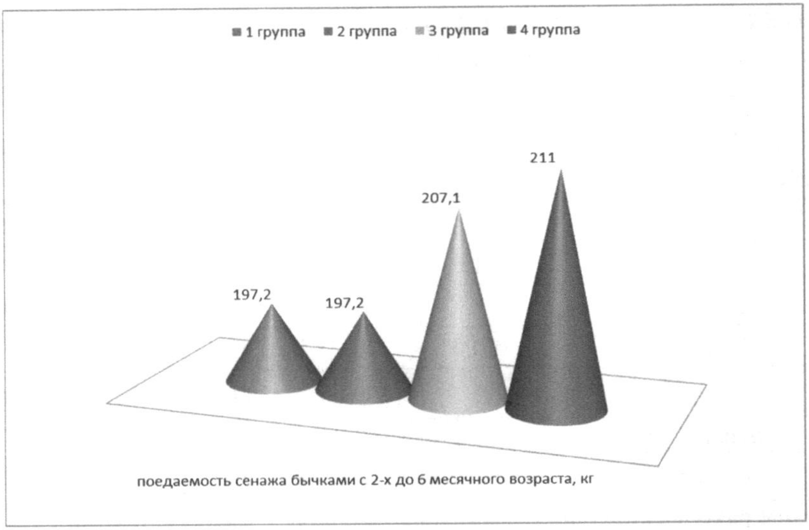

Rysunek 9. - Jedzenie sianokiszonki przez woły grup doświadczalnych przy wprowadzeniu do diety acevandolu od 2 do 6 miesiąca życia.

Tak więc parametry mikroklimatu cielęciny pierwszego okresu (powiększenia) kompleksu przemysłowego na tucz młodego bydła JSC "Lipovtsy" przy przeprowadzaniu badań były zbliżone do wymagań RNTP-1-2004. Dawki pokarmowe były również zgodne z normami technologicznymi. W tym samym czasie nastąpił spadek nawyków żywieniowych siana we wszystkich grupach eksperymentalnych. Wprowadzenie dodatku smakowego acevandolu do racji żywnościowej wołów pozwoliło na zwiększenie zdolności pokarmowej paszy o 5 - 7% i przyczyniło się do zwrotu nakładów na paszę.

5.3 Naturalna odporność organizmu, wskaźniki biochemiczne i morfologiczne krwi cielęcej na wzrost z acewandolą

Przy badaniu dynamiki kształtowania się naturalnej odporności organizmu ustalono, że wskaźniki ochrony humoralnej cieląt z grup kontrolnych i doświadczalnych w oświadczeniu o doświadczeniu były na porównywalnym poziomie. Aktywność bakteriobójczą surowicy (BASC) zarejestrowano w zakresie 46,5±1,52 - 47,6±2,09%.

Aktywność lizozymu w surowicy krwi (LASC) cieląt z grup doświadczalnych była na poziomie 2,1±0,16 - 3,2±0,37%.

Nie stwierdzono istotnych statystycznie różnic między grupami oraz w aktywności fagocytarnej neutrofili (PAN), która u 2-miesięcznych cieląt wszystkich grup doświadczalnych była na poziomie 61,3±0,95 - 64,8±1,69% (ryc. 10).

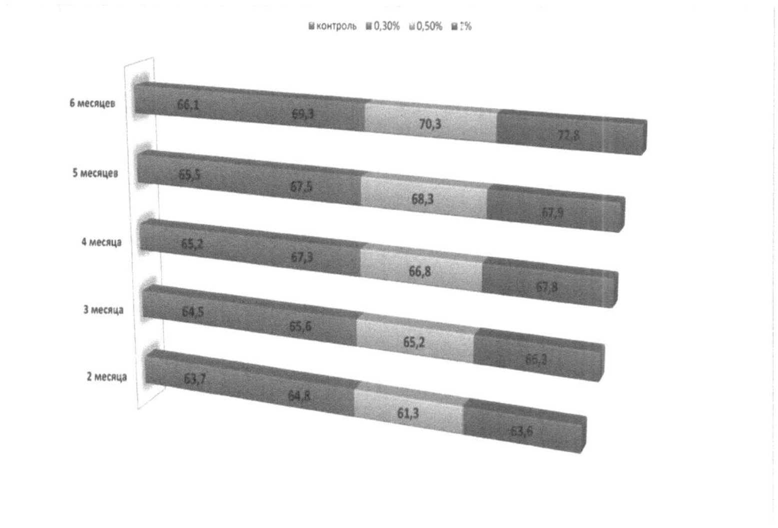

Rysunek 10. - Fagocytarne działanie surowicy w diecie acewandole

Spadek BASC zaobserwowano u zwierząt kontrolnych w wieku czterech miesięcy, co przypisujemy zmianom w dawkach pokarmowych. Przy ograniczeniu utrzymania w diecie czteromiesięcznych cieląt z paszą mieszaną CCK-2 o 44 % BASC u zwierząt kontrolnych spadła do 42,8±3,97 % i pojawiła się na poziomie o 10,7 % niższym niż na początku doświadczenia (47,4±1,72). W wieku 5 miesięcy, przy pełnej eliminacji z dawki SSK-2, BASK w kontroli również nie osiągnął poziomu początku badań i osiągnął 44,3±4,45 %. Podobny trend zaobserwowano u zwierząt kontrolnych w dynamice LASC. Jednocześnie u cieląt z 3 i 4 grup doświadczalnych, w diecie których zastosowano dodatek acewandole, nie zaobserwowano takiego spadku wskaźników ochrony humoralnej w wieku 4 miesięcy.

Wartości wskaźników naturalnej oporności u 4-miesięcznych zwierząt otrzymujących acewandole, pozostały na poziomie poprzednich pomiarów, a u 5-miesięcznych cieląt ABC z 3 i 4 grup doświadczalnych były wyższe niż u zwierząt kontrolnych o 16,2 i 21,4%, co daje odpowiednio 51,5±2,35 i 53,8±2,31 %.

Pod koniec doświadczenia cieląt z 3 grup doświadczalnych, w których wprowadzono acewandole w dawce 0,5 % do pasz mieszanych, posiadały BASK 54,5±1,97 %, niezawodnie przekraczając na tym wskaźniku rówieśników kontroli na 3,9 % (P </ b>).0,01), oraz cielęta z 4 grup doświadczalnych, w których wprowadzono acewandol w dawce 1% do paszy mieszanej - 57,0±2,65%, niezawodnie przekraczając kontrolę o 6,4% (P<0,01).

Maksymalny poziom LASC zwierząt doświadczalnych w okresie badań jest rejestrowany w wieku 5 miesięcy. Pod koniec doświadczenia odnotowano pewien spadek tego wskaźnika, jednak u 6-miesięcznych cieląt z 3 grup, otrzymujących badany dodatek w dawce 0,5 % do pasz mieszanych, LASC wyniósł 3,8±0,11 %, przekraczając kontrolę o 1,2 % (P<0,05).

Zastosowanie suplementu acevandol wpłynęło pozytywnie na poziom czynników ochrony komórkowej w organizmie. Stabilny związany z wiekiem wzrost poziomu aktywności fagocytarnej neutrofilów u wszystkich cieląt doświadczalnych ustalono na podstawie badania wskaźników czynników komórkowych niespecyficznej ochrony organizmu. W tym samym czasie pod koniec doświadczenia cielęta z 2, 3 i 4 grup doświadczalnych FAN zrobiły 69,3±0,67; 70,3±0,82 i 72,8±1,32, przekraczając odpowiednio podany wskaźnik kontroli (66,1±2,56 %) o 3,2; 4,2 i 6,3 %. Nie stwierdzono jednak wiarygodnych różnic w poziomie aktywności fagocytarnej neutrofili między zwierzętami z grup doświadczalnych.

Tak więc wprowadzenie do diety cieląt dodatku acevandol w dawkach 0,5 i 1,0 % do pasz mieszanych spowodowało wzrost BASC na 3,9 % - 6,4 % (P<0,01), co pozwoliło zapobiec niedoborom odporności spowodowanym zmianą diety.

Zastosowanie acevandolu w dawce 0,3% mieszanek paszowych, miało niski efekt immunostymulacyjny.

Zawartość białka całkowitego w surowicy krwi zwierząt doświadczalnych mieściła się w zakresie 63,3±2,21 - 66,10±3,25 g/l w czasie badania.

Poziom albumin wynosił 30,65±1,86 - 34,14±1,20 g/l. Zawartość α-globulin mieściła się w granicach 10,29±0,33 - 12,76±1,03 g/l, β-globulin - 8,39±0,27 - 9,71±0,81 g/l, γ-globulin - 11,05±1,15 - 12,65±0,2 g/l.

Aktywność AAt na początku doświadczenia w grupach kontrolnych i doświadczalnych cieląt wynosiła 0,28±0,02 - 0,32±0,02, a aktywność AAt wahała się w granicach 0,34±0,03 - 0,38±0,02 μcatal/l.

Pod koniec doświadczenia całkowita zawartość białka wzrosła w surowicy cieląt zarówno w grupie kontrolnej, jak i doświadczalnej. Najwyraźniej jest to związane z typem koncentratu, o czym świadczy wysoki poziom albumin (33,97±1,84 - 37,76±1,68). Jednocześnie zawartość białka całkowitego w surowicy krwi sześciomiesięcznych cieląt z 2, 3 i 4 grup doświadczalnych, które otrzymywały acewandol w dawkach 0,3, 0,5 i 1,0 % do paszy mieszanej, autentycznie przekroczyła kontrolę o 1,5; odpowiednio 4,8 i 6,7 %, przy normie 72-86 g/l (rysunek 11).

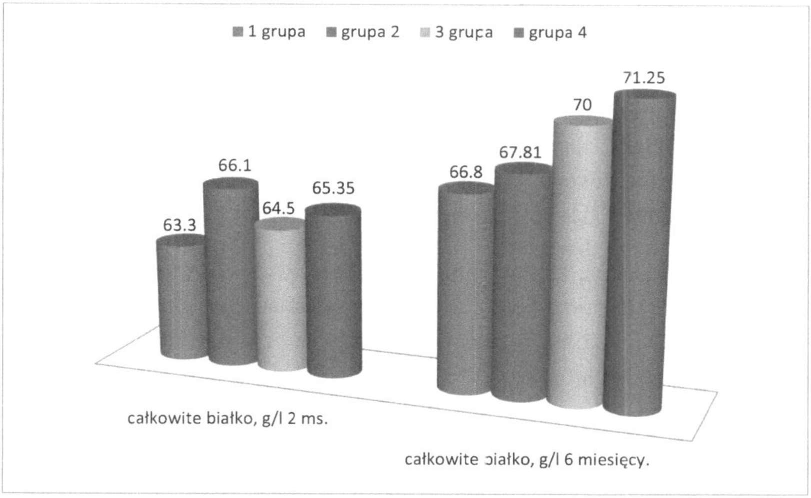

Rysunek 11. - Całkowita zawartość białka w surowicy w acewandolu

Rycina 12 pokazuje, że surowica krwi cieląt z trzeciej i czwartej grupy zwiększyła zawartość γ-globulin odpowiednio o 1,8 i 4,5%, co wskazuje na ich wyższy stan immunologiczny.

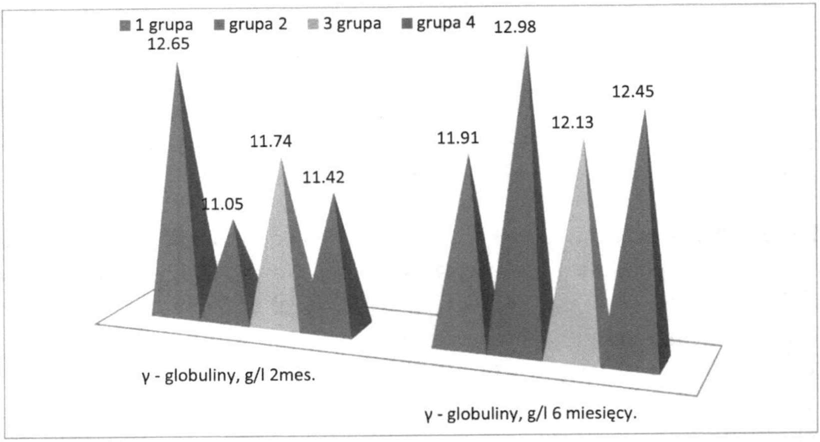

Rysunek 12. - Zawartość γ - globuliny surowicy w acewandolu

Pod koniec doświadczenia nie stwierdzono wiarygodnych różnic między grupami kontrolnymi i doświadczalnymi w zakresie aktywności enzymów AsAt i AAt, tzn. dodatek nie miał szkodliwego wpływu na organizm, a w szczególności na wątrobę zwierząt, co pośrednio wskazuje, że badany środek aromatyzujący nie jest toksyczny.

Dlatego też wprowadzenie suplementu acewandolu w dawce pokarmowej dla cieląt w tempie 0,5 i 1,0% do pasz mieszanych, nie powodując efektu toksycznego, sprzyja wzrostowi ogólnego poziomu białka w surowicy krwi o 4,8 i 6,7% ($P<0,05$) oraz wzrostowi zawartości γ-globulin o 1,8 i 4,5% ($P<0,01$).

Analiza wskaźników morfologicznych (tabela 5.3) świadczy o tym, że przy instalacji na doświadczeniu we krwi cieląt grup doświadczalnych zawartość leukocytów mieściła się w granicach wahań fizjologicznych na poziomie 7,09±0,17 - 7,20±0,18 x109/l.

Tabela 5.3. - Wskaźniki hematologiczne cieląt przy wprowadzaniu do diety dodatku acewandolowego

Wskaźniki	1. grupa kontrolna	2. grupa eksperymentalna	3. grupa eksperymentalna	4. grupa eksperymentalna
W wieku 2 miesięcy.				
Leukocyty, $^{109/l}$	7,16±0,22	7,12±0,21	7,20±0,18	7,09±0,17
Erytrocyty, $^{1012/l}$	5,45±0,49	6,08±0,06	5,67±0,35	6,18±0,37
Hemoglobina, g/l	80,0±3,06	84,6±1,96	78,8±2,50	83,6±1,90
W wieku 4 miesięcy.				
Leukocyty, $^{109/l}$	7,18±0,13	7,15±0,23	6,92±0,36	7,05±0,19
Erytrocyty, $^{1012/l}$	6,01±0,17	6,27±0,16	6,17±0,08	6,29±0,11
Hemoglobina, g/l	86,0±1,41	94,7±1,89	91,8±2,44*	97,0±4,32
W wieku 6 miesięcy.				
Leukocyty, $^{109/l}$	6,14±0,05	6,21±0,23	6,32±0,31	6,11±0,13
Erytrocyty, $^{1012/l}$	5,98±0,24	6,29±0,15	6,20±0,13	6,39±0,14
Hemoglobina, g/l	87,2±3,143	96,4±3,43*	95,2±3,00*	100,1±5,28*

Z tabeli 5.3 wynika, że pod koniec doświadczenia zawartość leukocytów we krwi badanych cieląt spadła do 6,11±0,13 - 6,32±0,31x109/l bez wiarygodnego rozróżnienia na grupy.

Zawartość erytrocytów we krwi zwierząt z grup kontrolnych i doświadczalnych na początku badań wahała się w granicach 5,45±0,49 - 6,18±0,37x1012/l. Do 4. miesiąca życia cielęta z grup doświadczalnych znormalizowały ten wskaźnik (6,01±0,17 - 6,29±0,11), a cielęta z 2., 3. i 4. grupy doświadczalnej miały zawartość erytrocytów odpowiednio 6,27±0,16, 6,17±0,08 i 6,29±0,11 x 1012/l, niezawodnie przekraczającą kontrolę (6,01±0,17 x1012/l). Pod koniec doświadczenia zawartość erytrocytów we krwi cieląt z 2, 3 i 4 grup doświadczalnych, w diecie których podawano badany dodatek, była wyższa niż u zwierząt kontrolnych odpowiednio o 5,2; 3,7 i 6,9%.

Podobny trend zaobserwowano w dynamice hemoglobiny we krwi badanych cieląt. Jeżeli więc na początku badań u zwierząt doświadczalnych wskaźnik ten był taki sam bez wiarygodnych różnic między grupami, to po 60 dniach stosowania acevandolu we krwi cieląt z grup doświadczalnych zawartość hemoglobiny wzrosła o 9,9% w porównaniu z kontrolą. Ogólnie rzecz biorąc, dynamika wzrostu hemoglobiny we krwi cieląt z 2, 3 i 4 grup doświadczalnych w trakcie eksperymentu przewyższyła kontrolę odpowiednio o 10,6; 9,2 i 14,8%, co wskazuje na stymulujące właściwości badanego dodatku.

Pod koniec okresu badań zawartość hemoglobiny we krwi zwierząt z 2, 3 i 4 grup doświadczalnych wynosiła odpowiednio 96,4±3,43, 95,2±3,00 i 100,1±5,28 g/l, rzetelnie przekraczając ten wskaźnik kontrolny (87,2±3,143 g/l) o 10,6; 9,2 i 14,8% (P<0,05).

Tak więc wprowadzenie dodatku smakowego acewandolu do dawki pokarmowej dla cieląt w przeliczeniu na 0,5 i 1,0% do paszy treściwej pozwoliło na niezawodne zwiększenie zawartości hemoglobiny we krwi cieląt o 9,2% (P<0,05) i 14,8% (P<0,05).

5.4 Wydajność cieląt w momencie wprowadzenia do diety dodatku acewandolowego

Żywa masa ciała cieląt grup doświadczalnych mieściła się w przedziale 62,9±1,22 - 65,4±2,65 kg, średnio 64,0 kg (tabela 5.4).

Tabela 5.4. - Wydajność cieląt z dodatkiem acevandolu

Wskaźniki	1. grupa kontrolna	2. grupa eksperymentalna	3. grupa eksperymentalna	4. grupa eksperymentalna
1	2	3	4	5
Żywa waga, kg - przy wprowadzaniu w życie	63,5±1,52	65,4±2,65	64,3±1,57	62,9±1,22
- w końcu	147,9±1,52	150,2±4,78	155,9±2,08	154,9±1,60
Bezwzględny wzrost, kg	84,4±1,76	84,8±3,95	91,6±1,79**	92,0±1,35**

Kontynuacja tabeli 5.4.

1	2	3	4	5
% do kontroli	100,0	100,6	108,5	109,1
Average daily gain, d	703±1,5	707±3,2	763±1,5	767±1,1
% do kontroli	100,0	100,6	108,5	109,1

Z tabeli 5.4 wynika, że pod koniec okresu badawczego zwierzęta wszystkich grup doświadczalnych, które otrzymywały badany suplement acewindolu, przewyższały w tym wskaźniku swoich rówieśników kontrolnych.

Wprowadzenie acevandolu do diety przyczyniło się do wiarygodnego zwiększenia bezwzględnego przyrostu masy ciała zwierząt w okresie badań w trzeciej grupie doświadczalnej - o 7,2, czwartej - o 7,6 kg. Cielęta z drugiej grupy przekroczyły kontrolę na tym wskaźniku tylko o 0,4 kg.

Największy nadmiar kontroli nad średnim dobowym przyrostem żywej masy ciała, o 9,1% (P<0,01), stwierdzono u cieląt czwartej grupy doświadczalnej, w której diecie wprowadzono acewandol w przeliczeniu na 1,0% paszy. W trzeciej grupie doświadczalnej, z dozowaniem acewandolu w wysokości 0,5 % na paszę mieszaną, nadwyżka kontrolna wynosiła 8,5 %.

Tak więc wprowadzenie acevandolu do diety cieląt w okresie wegetacyjnym przy obliczaniu 0,5 i 1,0% paszy mieszanej przyczynia się do wzrostu średniego dziennego przyrostu żywej wagi o 8,5 - 9,1%. Podobne wyniki uzyskano podczas kontroli produkcji.

5.5 zachorowalność i bezpieczeństwo cieląt

Stymulowanie naturalnej obrony cieląt poprzez podawanie suplementu acevandolu w diecie przyczyniło się do zmniejszenia zachorowalności.

Podczas doświadczeń w pierwszej grupie kontrolnej zachorowały 3 głowy: cielę w wieku 2,3 miesiąca z rozpoznaniem ostrego katarralnego zapalenia macicy; cielę w wieku 3 miesięcy z rozpoznaniem ostrego katarralnego zapalenia płuc i cielę w wieku 2,5 miesiąca również z rozpoznaniem ostrego katarralnego zapalenia płuc. Ostatni z nich, ważący 59,3 kg, spadł. Podczas autopsji patologicznej potwierdzono dożywotnią diagnozę. Podczas badania materiału patologicznego z upadłego byka w oddziale diagnostycznym GLPU "Obwodowa Stacja Weterynaryjna Witebsk" nie wykryto czynników wywołujących choroby zakaźne.

W drugiej grupie doświadczalnej zarejestrowano również 3 przypadki zwierząt w wieku 3,5 - 4 miesięcy z rozpoznaniem ostrego katarropneumonia. Jeden z nich, ważący 60,4 kg, upadł. W trakcie autopsji patologicznej i anatomicznej potwierdzono rozpoznanie dożywotnie (katarropneumonia). Podczas badania materiału patologicznego upadłego byka w oddziale diagnostycznym Obwodowej Stacji Weterynaryjnej GLPU "Witebsk" nie wykryto czynników wywołujących choroby zakaźne.

W trzeciej grupie doświadczalnej zachorowały 2 głowy: w wieku 2,3 miesiąca z rozpoznaniem ostrego katarralnego zapalenia jamy brzusznej macicy i w wieku 3 miesięcy z rozpoznaniem ostrego katarralnego zapalenia płuc. W okresie badań w 2 grupie doświadczalnej nie odnotowano zgonów cieląt.

W czwartej grupie doświadczalnej u byka w wieku 5,7 miesiąca rozpoznano pęknięcie ścięgien zginacza głębokiego palca. Zwierzę zostało zabite w nagłym wypadku, mięso zostało sprzedane w stołówce przedsiębiorstwa po cenie zakupu.

Zachorowalność cieląt w okresie trwania doświadczenia wynosiła: w grupie kontrolnej - 16,6 %, w drugiej grupie doświadczalnej - 16,6 %, w trzeciej grupie doświadczalnej - 11,1 %, w czwartej grupie doświadczalnej - 5,6 %; w konserwacji - odpowiednio 94,4; 94,4; 100,0 i 100,0 %.

Efektywne wykorzystanie acewandolu w uprawie cieląt przeprowadzono w warunkach Republikańskiego Rolniczego Przedsiębiorstwa Unitarnego "Nosovichi" z powiatu dobruskiego, obwodu homelskiego. Utworzono 2 grupy cieląt 2-miesięcznych odpowiedników konwencjonalnych, po 72 sztuki w każdej z nich. Pierwsza grupa służyła jako kontrola. W diecie cieląt drugiej grupy w ciągu 60 dni w mieszance z paszami mieszanymi wprowadzono acevandol w dawce 5,0 g na 1 kg pasz mieszanych (0,5% do paszy mieszanej). W wyniku kontroli produkcji ustalono, że stosowanie acewandolu przyczyniło się do zmniejszenia zachorowalności cieląt o 12,1% i wzrostu przyrostu masy ciała żywego o 6,3%.

5.6 Efektywność ekonomiczna stosowania dodatku aromatyzującego acevandol w uprawie cieląt

Efektywność ekonomiczną sposobu zwiększenia naturalnej odporności i wydajności cieląt z zastosowaniem dodatku aromatyzującego acewandol obliczono poprzez porównawczą ocenę efektywności ekonomicznej z różnych dawek acewandolu w diecie cieląt. Źródłem danych wyjściowych były wskaźniki aktywności gospodarczej CJSC "Lipovtsy", a także wyniki przeprowadzonych badań z zastosowaniem różnych dawek acevandolu. Wskaźniki ekonomiczne zostały określone w rublach białoruskich na 18 sztuk (liczba zwierząt w grupach doświadczalnych).

Tabela 5.5. - Efektywność kosztowa stosowania acewandolu w diecie cieląt

Wskaźniki	Grupy			
	1	2	3	4
1	2	3	4	5
Liczba wołów w grupie, cel.	18	18	18	18
Czas trwania doświadczenia, dni.	120			
Absolutny przyrost masy ciała cieląt, kg.	84,4	84,8	91,6	92,0
Dodatkowe produkty otrzymane, kg.	-	7,2	129,6	136,8
Realizatsionnaya cena wołowiny, pocierać.	5950,00			

Kontynuacja tabeli 5.5.

1	2	3	4	5
Koszt otrzymanych dodatkowych produktów, RUR	-	42840,00	771120,00	813960,00
Koszt dodatku wydanego na okres doświadczenia, potrzeć.	-	80047,85	133415,50	250131,05
Koszt karmy dodatkowo wydanej w okresie doświadczenia, potrzeć.	-	-	24897,50	55815,95
Skorzystaj z suplementacji diety cielęcej, potrzyj.	-	-	602807,00	498013,00
Efektywność ekonomiczna (zwrot kosztów), RUB za RUB koszty	-	-	3,58	1,57

Tak więc efektywność ekonomiczna stosowania w diecie cieląt dodatku aromatyzującego acewandol w przeliczeniu na 0,5 % i 1,0 % do mieszanek paszowych w przeliczeniu na 1 rubel wydatków wynosi odpowiednio 3,58 i 1,57 rubla. Wprowadzenie acevandolu do diety cieląt w dawce 0,3% do paszy nie dało żadnego efektu ekonomicznego.

Podobne wyniki uzyskano podczas kontroli produkcyjnej skuteczności stosowania acewandolu w hodowli cieląt. Jego wprowadzenie do diety cieląt w warunkach

Republikańskiego Rolniczego Przedsiębiorstwa Produkcyjnego "Nosovichi" powiatu dobruskiego, obwodu homelskiego.

Wnioski

1. Wskaźniki naturalnej odporności cieląt w okresie wzrostu stopniowo wzrastają wraz z wiekiem zwierząt. W wieku 2 miesięcy poziom BASCO waha się w granicach od 46,5±1,52 do 47,6±2,09 %, LASCO - od 2,1±0,16 do 3,2±0,37 %, FAN - od 61,3±0,95 do 64,8±1,69 %; w wieku 3 miesięcy: BASK - od 45,2±4,79 do 48,3±1,26 %, LASK - od 2,3±0,09 do 3,5±0,13 %, FAN - od 64,5±1,51 do 66,3±2,31 %; w ciągu 6 miesięcy: BASK - od 50,6±1,57 do 57,0±2,65 %, LASK - od 2,0±0,16 do 3,8±0,11 %, FAN - od 66,1±2,56 do 72,8±1,32 %.

2. Spadek naturalnej odporności organizmu cieląt obserwowany jest w wieku 4 miesięcy przy zmianie sposobu żywienia zwierząt i charakteryzuje się osłabieniem humoralnych czynników ochrony organizmu: spadek BASC do poziomu 42,8±3,97 - 48,4±1,24 % oraz LASC z 2,2±0,12 do 3,4±0,17 %.

Stosowanie acewandolu w dawkach 0,5 i 1,0 % do pasz mieszanych sprzyja spożywalności pasz objętościowych na 5-7 % i pozwala na zwiększenie przyrostu żywej wagi cieląt na 8,5-9,1 % (P<0,05).

4. Wprowadzenie acewandolu w dawkach 0,5 i 1,0 % do mieszanek paszowych w diecie cieląt od 60 do 180 dnia życia, stymuluje naturalne siły ochronne i poprawia obraz krwi zwierząt, a jednocześnie zwiększa ich liczbę: aktywność bakteriobójcza surowicy krwi o 3,9% (P<0,05) - 6,4% (P<0,05), poziom białka całkowitego o 4,8 - 6,7% (P<0,05), zawartość γ-globulin o 1,8 - 4,5% (P<0,05).0,05) i hemoglobiny o 9,2 % - 14,8 % (P<0,05), co pozwala zapobiegać niedoborom odporności organizmu byków przy zmianie diety.

5. Zastosowanie acevandolu w diecie cieląt pomaga zmniejszyć zachorowalność o 5,5 - 11,0% i zwiększyć ich bezpieczeństwo o 5,6%.

Efektywność ekonomiczna wynikająca ze stosowania acevandolu w diecie cieląt w całym okresie uprawy (od 60 do 180 dni życia) na rubla koszty: w dawce 0,5% na paszę mieszaną - 3,58 rubla, w dawce 1,0% na paszę mieszaną - 1,57 rubla.

ROZDZIAŁ 6 OCENA JAKOŚCI PRODUKTÓW PRZEZNACZONYCH DO UBOJU CIELĄT Z WPROWADZENIEM DO DIETY SUPLEMENTU ACEVANDOLU

6.1 Wyniki badania poubojowego tusz i organów badanych cieląt, oceny organoleptycznej i próbek mięsa do gotowania

Wyniki badań poubojowych tusz i narządów pochodzących od zwierząt wszystkich grup doświadczalnych cieląt nie wykazały żadnych oznak patologii. Wszystkie tusze były dobrze zaopatrzone w złogi tłuszczu w okolicy narządów wewnętrznych (serca, nerek, trzustki itp.).

Stopień wykrwawienia na wszystkich tuszach wołowych był dobry: oględziny nie wykazały obecności krwi w dużych i małych naczyniach krwionośnych (małe naczynia pod opłucną i otrzewną nie były przezroczyste), organy wewnętrzne nie były wypełnione krwią. Podczas cięcia mięśni i organów pod ciśnieniem pojawiły się małe kropelki krwi.

W węzłach chłonnych nie wystąpiły żadne zmiany: ich kolor był szary, powierzchnia cięcia gładka, błyszcząca i soczysta, co jest typowe dla węzłów chłonnych zdrowego młodego bydła.

Po dojrzewaniu tusz mięsnych (24 godziny po uboju) jakość mięsa określano organoleptycznie oraz za pomocą badań fizykochemicznych. W tym celu pobieraliśmy próbki mięśni w jednym kawałku (z surowym tłuszczem i ścięgnami) o wadze co najmniej 200 g z następujących miejsc tuszy: karku (w miejscu cięcia), grupy mięśni łopatki i kości udowej.

Badania organoleptyczne wykazały, że mięso wszystkich badanych zwierząt odpowiada podstawowym wymaganiom GOST 779-55 "Mięso wołowe w połówkach i ćwierćtuszach". Specyfikacje."

Barwa mięsa była naturalna, różowa lub jasnoczerwona. Konsystencja mięsa była gęsta, a po naciśnięciu palcem na powierzchnię mięsa, powstałą dziurę szybko (w ciągu 1 minuty) wyrównano. Zapach mięsa był naturalnie specyficzny, właściwy dla wołowiny uzyskanej z młodej wołowiny. Nie było żadnych obcych zapachów. Złoża tłuszczu są dobrze rozwinięte w pobliżu narządów wewnętrznych (nerki, serce, trzustka). Tłuszcz o kolorze żółto-białym, w temperaturze pokojowej miał gęstą, kruszącą się konsystencję. Tendencje i wiązadła są mlecznobiałe, gęste. Powierzchnie spoin były błyszczące, matowe, perłowo białe. Ciecz synowialna o słomkowożółtej barwie, przezroczysta, miała lekko lepką konsystencję.

Jako dodatkowe badanie przeprowadzono gotowanie próbek, a następnie określono jakość bulionu oraz stan kropli tłuszczu na jego powierzchni. Rosół był przezroczysty we wszystkich próbkach mięsa. Jego zapach w próbkach mięsa od zwierząt wszystkich grup był przyjemny, specyficzny, typowy dla świeżej wołowiny. W gotowanym mięsie i bulionie wszystkich próbek nie było żadnych obcych zapachów. Krople tłuszczu na powierzchni bulionu we wszystkich próbkach były rzadkie, zaokrąglone, miały dużą średnicę, co jest typowe dla świeżego i łagodnego mięsa.

Przeprowadzone badania organoleptyczne wskazują zatem, że mięso pochodzące od młodego bydła, do którego dodano acevandol, jest produktem łagodnym.

6.2 Wskaźniki laboratoryjne mięsa cieląt w przypadku dodawania acevandolu do ich diety

Wskaźniki jakości i bezpieczeństwa wołowiny przy wprowadzaniu do diety cieląt rasy acevandola, ustalone podczas badań laboratoryjnych, przedstawiono w tabeli 6.1.

Tabela 6.1. - Wydajność wołowiny laboratoryjnej w przypadku stosowania w diecie cieląt Suplement Acevandol

Wskaźniki	przykładowe numery		
	Próbka 1	Próbka 2	Próbka 3
1. grupa (kontrola)			
pH	5,83	5,94	5,87
Aktywność peroksydazy	Postawiony.	Postawiony.	Postawiony.
Reakcja z rozwiązaniem CuSO4	Tatusiu.	Tatusiu.	Tatusiu.
Wilgotność Zawartość wilgoci, %	72,8	75,34	73,01
druga grupa acevandolu, 0,3 % do mieszanki paszowej			
pH	5,68	5,82	5,73
Aktywność peroksydazy	Postawiony.	Postawiony.	Postawiony.
Reakcja z rozwiązaniem CuSO4	Tatusiu.	Tatusiu.	Tatusiu.
Wilgotność Zawartość wilgoci, %	74,12	76,08	72,41
3. grupa acevandolu, 0,5 % do mieszanki paszowej			
pH	5,99	5,62	5,88
Aktywność peroksydazy	Postawiony.	Postawiony.	Postawiony.
Reakcja z rozwiązaniem CuSO4	Tatusiu.	Tatusiu.	Tatusiu.
Wilgotność Zawartość wilgoci, %	77,03	72,92	75,2
4. grupa acevandolu, 1% dla pasz			
pH	5,74	5,93	5,67
Aktywność peroksydazy	Postawiony.	Postawiony.	Postawiony.
Reakcja z rozwiązaniem CuSO4	Tatusiu.	Tatusiu.	Tatusiu.
Wilgotność Zawartość wilgoci, %	73,32	76,11	72,43

Z tabeli 6.1 wynika, że w mięsie młodego bydła, które zostało uzupełnione acewandolem w różnych dawkach, oraz w grupie kontrolnej wartości pH, 48 godzin po uboju, miały w przybliżeniu takie same wartości, jak wartości typowe dla mięsa uzyskanego ze zwierząt zdrowych (od 5,62 do 5,99). Określenie aktywności enzymatycznej peroksydazy we wszystkich próbkach mięsa dało reakcję dodatnią. Reakcja z roztworem siarczanu miedzi w celu wykrycia pośrednich produktów rozkładu białek we wszystkich próbkach była ujemna. Zawartość wilgoci w mięsie zwierząt doświadczalnych mieściła się w granicach wskaźników normatywnych i wynosiła od 72,41 do 77,03%. Przy określaniu toksyczności mięsa zwierząt z grup doświadczalnych i kontrolnych ustalono, że we wszystkich próbkach produktów wskaźnik ten mieścił się w normalnym zakresie (1-2 %) i wynosił od 1,4 do 1,7 % (tabela 6.2.).

Tabela 6.2. - **Wskaźniki toksyczności mięsnej**

przykładowe numery	Czas obserwacji, h	Martwe komórki, %	Komórki o zmodyfikowanym kształcie, %.	Komórki ze zmienionym schematem ruchu, %	Komórki z obcym wtrąceniami, %.	Kwota, %
1	2	3	4	5	6	7
druga grupa acevandolu, 0,3 % do mieszanki paszowej						

Kontynuacja tabeli 6.2.

1	2	3	4	5	6	7
1	1 4 6 24	0 0 0,1 0,2	0 0 0,2 0,2	0 0 0,2 0,3	0 0 0,2 0,2	1,6
2	1 4 6 24	0 0 0,1 0,1	0 0 0,2 0,3	0 0 0,1 0,3	0 0 0,1 0,3	1,5
3	1 4 6 24	0 0 0,1 0,2	0 0 0,1 0,2	0 0 0,1 0,3	0 0 0,2 0,3	1,5
3. grupa acevandolu, 0,5 % do mieszanki paszowej						
1	1 4 6 24	0 0 0,1 0,1	0 0 0,2 0,2	0 0 0,2 0,3	0 0 0,1 0,2	1,4
2	1 4 6 24	0 0 0,1 0,2	0 0 0,1 0,3	0 0 0,1 0,4	0 0 0,1 0,3	1,6
3	1 4 6 24	0 0 0,2 0,2	0 0 0,1 0,3	0 0 0,1 0,3	0 0 0,2 0,2	1,5

Kontynuacja tabeli 6.2.

1	2	3	4	5	6	7
4. grupa acevandolu, 1% dla pasz						
1	1 4 6 24	0 0 0,1 0,2	0 0 0,2 0,2	0 0 0,1 0,3	0 0 0,1 0,2	1,4
2	1 4 6 24	0 0 0,2 0,2	0 0 0,1 0,2	0 0 0,2 0,3	0 0 0,2 0,2	1,5
3	1 4 6 24	0 0 0,1 0,2	0 0 0,2 0,3	0 0 0,2 0,3	0 0 0,1 0,2	1,6

Nasienie bakteryjne mięsa i organów wewnętrznych jest jednym z najważniejszych wskaźników charakteryzujących stan sanitarny produktów uboju. Standardy higieniczne dla wskaźników mikrobiologicznych obejmują kontrolę 4 grup mikroorganizmów:

- Eksponaty sanitarne, które obejmują: liczbę mezofilnych mikroorganizmów tlenowych i fakultatywnych beztlenowych (KMAFAiM) oraz grupę bakterii E. coli - BHCP (coliforms);

- warunkowo chorobotwórcze mikroorganizmy, do których należą *Escherichia coli, Staphylococcus aureus,* bakterie z rodzaju *Proteus, Bacillus cereus* oraz clostridia redukująca siarczany;

- mikroorganizmy chorobotwórcze, w tym salmonella;

- zarazki psujące się to głównie drożdże i pleśnie.

W wyniku badań *bakteriologicznych* nie wyizolowano od zwierząt doświadczalnych i kontrolnych mikroorganizmów *Escherichia coli, Staphylococcus aureus,* bakterii z rodzaju *Proteus, Bacillus cereus* i clostridia redukująca sulfit, a także salmonelli ze wszystkich próbek mięsa i organów wewnętrznych.

Dlatego też badania weterynaryjne i sanitarne mięsa wykazały, że zastosowanie do cieląt acevandola w dopuszczalnym dawkowaniu 0,5 % i 1,0 % w przypadku pasz mieszanych nie ma negatywnego wpływu na jakość i bezpieczeństwo produktów pochodzących z uboju zwierząt. Zastosowanie wyżej wymienionego dodatku w dawce 0,5 i 1 % diety sprzyja wzrostowi wskaźników wartości biologicznej mięsa.

Wnioski

1. Wyniki badania poubojowego tusz i organów, oceny organoleptycznej i gotowania próbek mięsa cieląt, którym podawano dodatek smakowy atsevandol, wskazują, że nie ma oznak patologii i łagodnych produktów ich uboju.

2. Wprowadzenie acevandolu do diety cieląt w dawce 0,5 i 1,0% do paszy nie ma negatywnego wpływu na wskaźniki jakości i bezpieczeństwa mięsa (pH - od 5,62 do 5,69, patologiczne formy komórek - od 1,4 do 1,6%).

PODSUMOWANIE

1. Warunki utrzymania i żywienia cieląt w kompleksie przemysłowym przy uprawie i tuczu młodego bydła JSC "Lipovtsy" przy przeprowadzaniu badań odpowiadały wymaganiom przyjętej technologii. Żywialność zwierząt w szopie sianokosowym stanowiła 88,9% normy technologicznej.

2. Poziom naturalnej odporności cieląt w okresie wegetacyjnym stopniowo wzrasta wraz z wiekiem zwierząt. W wieku 2 miesięcy poziom BASCO waha się w granicach od 46,5±1,52 do 47,6±2,09 %, LASCO - od 2,1±0,16 do 3,2±0,37 %, FAN - od 61,3±0,95 do 64,8±1,69 %; w wieku 3 miesięcy: BASK - od 45,2±4,79 do 48,3±1,26 %, LASK - od 2,3±0,09 do 3,5±0,13 %, FAN - od 64,5±1,51 do 66,3±2,31 %; w ciągu 6 miesięcy: BASK - od 50,6±1,57 do 57,0±2,65 %, LASK - od 2,0±0,16 do 3,8±0,11 %, FAN - od 66,1±2,56 do 72,8±1,32 %. Spadek poziomu naturalnej odporności cieląt obserwowany jest w wieku 4 miesięcy przy zmianie diety żywieniowej i charakteryzuje się osłabieniem humoralnych czynników ochrony organizmu: spadek BASC do poziomu 42,8±3,97 - 48,4±1,24 % i LASC do 2,2±0,12 - 3,4±0,17 %.

3. Wprowadzenie różnych wariantów dodatków smakowych do diety wołów w wieku od 30 do 90 dni, zawierających wanilię smakową, kwas jabłkowy, kwas bursztynowy i przyczyniających się do zwiększenia przydatności pokarmowej pasz grubych o 3,7 - 8,7%, przyrostu żywej wagi o 4,1 - 6,2%, pobudzenia naturalnej odporności organizmu: wzrost aktywności bakteriobójczej o 4,7 - 5,6% (p<0,01), aktywności lizozymu w surowicy o 1,16 i 1,56% (p<0,01).0,01), zawartość białka całkowitego w surowicy krwi o 10,5% (p<0,05) i 13,1% (p<0,01), w tym frakcji γ-globuliny o 8,8 - 9,6% (p<0,05) oraz spadek zachorowalności zwierząt o 10-20 %. Najbardziej opłacalnym opracowanym dodatkiem jest ten zawierający kwas jabłkowy - acewandol.

4. Dodatek aromatyzujący Acevandol zawiera 0,1% aromatu waniliowego, 69,9% kwasu jabłkowego i 30% wypełniacza; jest drobnym proszkiem o szarym kwaśnym smaku z zapachem wanilii; rozpuszcza się w wodzie z pozostałością i całkowicie w kwasie solnym; zgodnie z klasyfikacją substancji chemicznych według stopnia zagrożenia (GOST 12).1.007-76), należy do IV klasy zagrożenia - substancje mało niebezpieczne; podawanie acewandolu nie wpływa negatywnie na funkcje życiowe mikroflory i pH blizny.

5. Wprowadzenie acevandolu w diecie byków w wieku od 60 do 180 dni w

przeliczeniu na 0,5% i 1,0% pasz mieszanych przyczynia się do zwiększenia zdolności pokarmowych i zwrotu z inwestycji o 5 -7%, pozwala na zwiększenie przyrostu masy ciała żywego o 8,5 - 9,1% (P<0,05), bezpieczeństwa o 5,6% i zmniejszenia zachorowalności zwierząt o 5,5 - 11,0%.

6. Zastosowanie dodatku smakowego acevandol w hodowli byków w wieku od 60 do 180 dni stymuluje naturalne siły obronne organizmu, zapobiega stanom niedoboru odporności związanym ze zmianą dawki pokarmowej, normalizuje wskaźniki krwi, zwiększając je przy tym: Aktywność bakteriobójcza surowicy o 3,9-6,4 % (P<0,05), poziom białka całkowitego o 4,8-6,7 % (P<0,05), γ-globulin o 1,8-4,5 % (P<0,05) i zawartość hemoglobiny o 9,2-14,8 % (P<0,05).

7. Zysk z zastosowania acevandolu w obliczaniu 0,5% paszy w diecie byków na wzrost wynosi 602807,00 rubli. (w cenach z 2010 roku).

Wykaz literatury używanej

1. Abramov, S.S. Anatomo-fizjologiczne cechy rosnącego organizmu (w języku rosyjskim) / S.S. Abramov, I.G. Arrestov, I.M. Karput' et al. // Profilaktyka niezakaźnych chorób młodzieży - M.: Agropromisdat, 1990. - – C. 5 – 17.

2. Abramow, S.S. Instrukcje metodyczne dotyczące określania naturalnego oporu i sposobów jego wzrostu u najmłodszych zwierząt hodowlanych: Instrukcje metodyczne / S.S. Abramow, A.F. Mogilenko, A.I. Jatusewicz; Witebsk: Witebsk oddział. in-t., 1989. - 35 s.

3. Aksenow A.M. Problemy patologii zwierząt hodowlanych // Rzeczywiste problemy patologii zwierząt hodowlanych: mater. stażysty naukowego i praktycznego conf. 6-11.

4. Asadullina, F. Zastosowanie kompleksu mikroelementów i witamin w diecie cieląt (w języku rosyjskim) / F. Asadullina, F. Yakhin // Hodowla bydła mlecznego i mięsnego. - – 2005. –№ 3. - – C. 14 – 15.

5. Bazylew, M.W. Bazylew Wpływ dodatku mineralnego pikumina na niektóre wskaźniki produktywności kur niosek krzyża "Białoruś-9" / M.W. Bazylew // Problemy higieny zwierząt rolniczych w warunkach intensywnej hodowli zwierząt: Materiały międzynarodowej konferencji naukowo-praktycznej poświęconej 70. rocznicy powstania Zakładu Higieny Zoohigieny, Witebsk, 23-24 października 2003 r. - Vitsebsk, 2003. - S. 6-7.

6. Bazylew, M.V. Wpływ dodatku mineralnego pikumin na zawartość wapnia i fosforu nieorganicznego we krwi młodych ptaków naprawczych / M.V. Bazylew // Badania młodych naukowców w rozwiązywaniu problemów hodowli zwierząt: Postępowanie Międzynarodowej Konferencji Naukowej Młodych Naukowców i Nauczycieli, Witebsk, 22-23 maja 2002 r. - Vitsebsk, 2002. - S. 17-18.

7. Bazilev, M.V. Natural resistance of young poultry at inclusion in the diet of mineral additive picumin / M.V. Bazilev // Intensification of production of animal products: Proceedings of the International Research and Production Conference, Zhodino, October 30-31, 2002 - Mn. 165.

8. Bazylew, M.V. Dodatek mineralny w diecie młodych kurcząt / M.V. Bazylew // Problemy higieny zwierząt gospodarskich w warunkach intensywnej hodowli

zwierząt: Materiały międzynarodowej konferencji naukowo-praktycznej poświęconej 70. rocznicy powstania Zakładu Higieny Zoo, Witebsk, 23-24 października 2003g. - Vitsebsk, 2003. - S. 5-6.

9. Bazilev, M.W. Bazilev // Dodatek mineralny z odpadów produkcyjnych produkcji ceramzytu w żywieniu drobiu (w języku rosyjskim) / M.W. Bazilev // Rolnictwo białoruskie. - – 2005. - – № 11. - – C. 24–25.

10. Bazilev, M.V. Nowy dodatek mineralny w żywieniu kur niosek (w języku rosyjskim) / M.V. Bazilev // Hodowla drobiu na Białorusi. - 2003.- №1.- C. 20.

11. Bazylev, M.V. Waste of production of expanded gllay in poultry feeding / M.V. Bazylev // Scientists notes EO "VGAVM", 2003. - Tom. 39.-Ч. 2.- C. 165-168.

12. Bazilev, M.V. Zastosowanie dodatku mineralnego na bazie gliny w żywieniu młodych kurcząt naprawczych (w języku rosyjskim) / M.V. Bazilev, A.M. Bazileva // Rolnictwo - problemy i perspektywy: zbiór artykułów naukowych / Państwowy Uniwersytet Agrarny w Grodnie. - Grodno, 2004. - – T. 5. - – C. 127–130.

13. Bazylew, M.V. Stan mikroklimatu w kurnikach z komórkową zawartością naprawczą młodych ptaków / M.V. Bazylew // Badania młodych naukowców w rozwiązywaniu problemów hodowli zwierząt: Zbiór artykułów III Międzynarodowa konferencja naukowa, Witebsk, 30 maja 2003 r. - Vitsebsk: VGAVM, 2003. - S. 13-14.

14. Bazylew, M.W. Bazylew, L.P. Bolszakowa // Podręcznik edukacyjno-metodyczny dla studentów wydziału kształcenia zaawansowanego i przekwalifikowania specjalności "Zarządzanie organizacjami i pododdziałami kompleksu rolno-przemysłowego" / Instytucja edukacyjna "Witebski Order Honorowy" Państwowa Akademia Medycyny Weterynaryjnej. Witebsk, 2014. - 28 c.

15. Balanina, V.I. Mikroklimat pomieszczeń dla zwierząt / V.I. Balanina. - St. Petersburg, 2005. - – 280 c.

16. Bezborodkin, N.S. Methodical instructions for determination of economic efficiency of veterinary measures: Metoda nauczania / - Witebsk: VGAVM, 2000. - 16 c.

17. Bezzubov, V.I. Redukcja zużycia energii przy stosowaniu substancji biologicznie czynnych / V.I. Bezzubov, V.A. Medvedsky, M.V. Rubina //

Notatki naukowców: zbiór prac naukowych na temat materiałów Międzynarodowej Konferencji Naukowej "Współczesne problemy selekcji, genetyki weterynaryjnej i ochrony zwierząt przed chorobami" w 100. rocznicę urodzin profesora O. A. Iwanowa, Witebsk, 26-27 września 2001 r. / VGAVM. - Witebsk. - T. 37, część 1. - – C. 115 – 117.

18. Belkin, B.L. Wpływ mikroklimatu na funkcje fizjologiczne cieląt (w języku rosyjskim) / B.L. Belkin // Medycyna weterynaryjna. –1998. - – № 7. - – C. 52 – 54.

19. Bikbaeva, E.F. Air regime influence on the physiological state, growth and development of the young animals (in Russian) / E.F. Bikbaeva // Veterinary medicine of agricultural animals. - – 2007. - – № 11. - – C. 19 – 24.

20. Bikkel, X. Wpływ właściwości smakowych żywności na produktywność zwierząt hodowlanych. Stosowanie dodatków smakowych i aromatycznych w żywieniu zwierząt / H. Bikkel. - Moskwa: Kolos, 1983. - – C. 91 – 96.

21. Biometria w hodowli zwierząt i medycynie weterynaryjnej: podręcznik edukacyjno-metodyczny do zajęć praktycznych dla studentów podyplomowych, wnioskodawców, studentów studiów magisterskich / V.K. Smunev [i inni]. - Witebsk: UO VGAVM, 2006. - – 38 c.

22. Biochemia zwierząt: Podstawowe i kliniczne aspekty: podręcznik. - 2nd ed., pp. / S. Yu. Zaitsev [et al.]. - St. Petersburg. Lan, 2005. - – 384 c.

23. Bortnikow, A.M. Wpływ warunków utrzymania na organizm byków plemiennych o różnych genotypach (w języku rosyjskim) / A.M. Bortnikow // Medycyna weterynaryjna. - – 1997. - – № 6.– C. 50 – 52.

24. Bortnikow, A.M. Higiena konserwacji wołów naprawczych (w języku rosyjskim) / A.M. Bortnikow // Zootekhnia. - – 2002. - – № 3. - – C. 19 – 20.

25. Boyarskiy, L.G. Technologia żywienia i kompletne żywienie zwierząt gospodarskich: podręcznik dla studentów uczelni wyższych i średnich na temat specjalnych "Nauk weterynaryjnych", "Zootechnologii", "Technologii produkcji rolnej" / L.G. Boyarskiy. - Rostov n/d: Phoenix, 2001. - – 416 c. stół. - (Medycyna weterynaryjna i hodowla zwierząt). - Bibliogr.: s. 411.

26. Vedduge, U. Łyk świeżego powietrza / U. Vedduge. // Nowe rolnictwo. - – 2010. - – № 3. - – C. 64 – 67.

27. Przepisy weterynaryjne i sanitarne dotyczące badania weterynaryjnego ubitych zwierząt oraz badania weterynaryjnego i sanitarnego mięsa i produktów mięsnych: Zatwierdzone przez Ministerstwo Rolnictwa i Ministerstwo Zdrowia Republiki Białorusi 18.04.2008 - Mińsk, 2008 - 97 s.

28. Vildanov, R.H. Optimal microclimate improves health of the youngsters / R.H. Vildanov, S.A. Lartseva // Chief zootechnician. - – 2006. - – № 12. - – C. 10 – 11.

29. Vildanov, R.H. Stworzenie optymalnego mikroklimatu przy rekonstrukcji pomieszczeń dla cieląt (w języku rosyjskim) / R.H. Vildanov, S.A. Lartseva // Weterynaria. –2003. - – № 5. - – C. 49 – 50.

30. Vitagarant//ACIDOMIX® F- dodatek paszowy w postaci mikrogranulatu w proszku do zmniejszenia poziomu mikroflory i pleśni chorobotwórczej w paszy dla świń i drobiu [Zasób elektroniczny]. - Data dostępu: 16.02.12.

31. Picumine Impact on Egg Productivity of Poultry Medvedsky V. A., Iron A. F., M. V. Svistun, M. V. Bazilev, S. V. Dukhnovsky W zbiorze: Badania młodych naukowców w rozwiązywaniu problemów związanych z materiałami hodowlanymi zwierząt III Międzynarodowej Konferencji Naukowej. 2003. C. 163-164.

32. Volkov, G.K. Hygiene - ważny czynnik hodowli zwierząt / G.K. Volkov // Główny zootechnik. - – 2004. - – № 10. - – C. 40 – 43.

33. Volkov, G.K. Hygiene of the healthy young growth / G.K. Volkov // Veterinary. - – 2003. - – № 1. - – C. 3 – 6.

34. Volkova, T.S. Wpływ mikroklimatu na odporność cieląt (w języku rosyjskim) / S. Volkova // Hodowla zwierząt w Rosji. - – 2005. - – № 5. - – C. 35.

35. Vukas, L.N. Immunoglobulinowy status cieląt z dyspepsją / L.N. Vukas // Notatki naukowców / Witebska Państwowa Akademia Medycyny Weterynaryjnej. - Vitsebsk, 1998. - – T. 34. - – C. 341 – 343.

36. Hodowla i choroby młodych zwierząt: podręcznik praktyczny / A.I. Jatusewicz [i in.]; pod redakcją A.I. Jatusewicza [i in.]; Witebska Państwowa Akademia Weterynarii. - Vitsebsk: VGAVM, 2012. - 816 c.

37. Uprawa i choroby cieląt (żywienie, diagnostyka, leczenie i zapobieganie chorobom): monografia / W.S. Prudnikow [i in.]; Witebska Państwowa

Akademia Weterynarii. - Vitsebsk: VGAVM, 2010. - 367 c.

38. Wysockij, E.A. Geologia i zasoby mineralne Republiki Białorusi: grant naukowy / E.A. Wysockij i inni. Mińsk: Universitettskaya, 1996. 502 c.

39. Gawriłow, B.G. Składniki funkcjonalne i środki spożywcze z serwatki mlecznej (w języku rosyjskim) / B.G. Gawriłow // Fragmenty Międzynarodowego Sympozjum MMF. - Moskwa: Edukacyjne Centrum Naukowo-Techniczne Przemysłu Mleczarskiego, 2007. - – C. 38 – 39.

40. Gamidov, M. Zeolites - skuteczny dodatek paszowy dla cieląt / M. Gamidov // Hodowla bydła mlecznego i mięsnego. - – 2002. - – № 6. - – C. 18 – 19.

41. Higiena zwierząt: podręcznik dla studentów uczelni wyższych na specjalność "Medycyna weterynaryjna" / V.A. Medvedskiy [i in.] ; redagowany przez V.A. Medvedskiy. A. Medvedsky. - Mińsk: Technoperspektywa, 2009. - – 617 c. Zdjęcie, stół. - Bibliogr.: p. 609 –610.

42. Państwowe wsparcie kompleksu rolno-przemysłowego (w języku rosyjskim) / M.W. Bazylew i in. // Notatki naukowe Witebskiej placówki oświatowej Witebski medal honorowej państwowej akademii weterynarii. 2013. T. 49. № 2-1. C. 359-363.

43. Grigoriew, N. Technologia i specyfika żywienia młodego bydła (w języku rosyjskim) / N. Grigoriew // Pasza i produkcja pasz. - – 2006. - – № 9. - – C. 23 – 26.

44. Egorova, I.V. Zastosowanie dolomitu jako adsorbentu do ściółki / Rzeczywiste problemy intensywnego rozwoju hodowli zwierząt: zbiór prac naukowych EO BSHA - Gorky, 2006 - s. 9. 1. C 94 – 99.

45. Jeranow, A. M. Intensywny wzrost i tucz młodego bydła z wykorzystaniem substancji biologicznie czynnych : zalecenia metodologiczne / A. M. Jeranow, W. G. Gugia. - Nowosybirsk, 1991. - – 30 c.

46. Erisanova, O.E. Influence of the additives of the acidifying and antioxidant action on the broiler meat quality (in Russian) / O.E. Erisanova // Strategy of the zootechnical science development. - Zhodino: SPC NAS RB o hodowli zwierząt gospodarskich, 2009. - – C. 336-338.

47. Efimov, V.G. Hydrohumate i mikroelementy wpływają na poziom procesów energetycznych cieląt (w języku rosyjskim) / V.G. Efimov, V.N. Rakitianskiy //

Notatki naukowców: zbiór prac naukowych / Witebska Państwowa Akademia Medycyny Weterynaryjnej. - Vitsebsk, 2004. - – T. 40, ч. 2. - – C. 19 – 20.

48. Iron A. F., Petrov VI, Baravic E. D. Definicja parametrów toksyczności naturalnych minerałów skał odkrywkowych Dolomitu JSC. Notatki naukowców z VGAVM, 2004. - T. 40.H.1.-S. 122-124.

49. Zhelezko, A.F. Państwowy nadzór weterynaryjny: podręcznik / A.F. Zhelezko. - Mińsk: Centrum Danych Ministerstwa Finansów, 2016 r. - – 568 c.

50. Zhelezko, A.F. Study of the acute and subacute toxicity of some natural minerals fractions of the various quarry rocks of JSC "Dolomite" / A.F. Zhelezko et al. // Studencka nauka w produkcji rolnej: Materiały 90. republikańskiej naukowej konferencji studenckiej - Witebsk, EE VGAVM, 2004. - – C. 20-22.

51. Zhelezko, A.F. Application of the natural raw materials as a feed additive for a large horned one (in Russian) / A.F. Zhelezko, N.A. Nemtsova // Scientific-practical journal "Praktik". - St. Petersburg, 2009. - – № 2. -C.7-9.

52. Zavodov, V. Hodowla remontowa młodych bez strat / V. Zavodov, A. Zavodov, A. Prudanov // Hodowla bydła mlecznego i mięsnego. - – 2007. - – № 7. - – C. 7 – 9.

53. Rośliny, V. Mikroklimat - żywotna konieczność wysokowydajnej hodowli bydła (w języku rosyjskim) / V. Rośliny // Hodowla bydła mlecznego i mięsnego. - – 2006. - – № 4. - – C. 15 – 17.

54. Zeper, A.F. Zeper. - Moskwa : AST; Donieck : Stalker, 2007. - – 446 c.

55. Zohygiene z podstawami projektowania obiektów hodowli zwierząt: podręcznik dla studentów szkół wyższych na specjalności "Zootechniya" (po rosyjsku) / W.A. Miedwedżkiy [i inni]; pod wydaniem W.A. Miedwedżkiy. A. Medvedsky. - Mińsk : Centrum Danych Ministerstwa Finansów, 2008 . - – 600 c.

56. Ioffe, V.B. Praktyka żywienia bydła mlecznego: podręcznik dla zootechników i szefów gospodarstw (w języku rosyjskim) / V.B. Ioffe. - Molodechno 2005. - – 164 c.

57. Kamyshnikov, V.S. Handbook of clinical and biochemical laboratory diagnostics: in 2 t. / V.S. Kamyshnikov. - Wydanie 2. - Mińsk: Białoruś, 2002. - T.2. - 463 s.

58. Kapitsa, P. Tworzenie mikroklimatu w pomieszczeniach do hodowli bydła / P.

Kapitsa, G. Begutova, G. Anan'ev // Hodowla bydła mlecznego i mięsnego. - – 2002. - – № 7. - – C. 3 – 5.

59. Karelin, A.I. Influence of External Factors on General Resistance and Immunological Reactivity of Animal Organism. - Moscow, 1979. - 174 s.

60. Carput, I.M. Age and acquired immune deficiencies (in Russian) / I.M. Carput // Veterinary medicine of Belarus. - – 2001. - – №2. - – C. 28 – 31.

61. Karput, I.M. Internal Non-Communicable Diseases of Animals / I.M. Karput; redagowany przez I.M. Karputya. - Mn: Białoruś, 2006. - – C. 679.

62. Karput, I.M. Immunologia i Immunopatologia Chorób Młodocianych. 186-191.

63. Kartashova, A. N. Higiena zwierząt : warsztat : podręcznik dla studentów specjalności "Medycyna weterynaryjna" instytucji prowadzących kształcenie na poziomie wyższym / A. N. Kartashova. - Mińsk: Centrum Przetwarzania Danych Ministerstwa Finansów, 2007 r. - – 292 c. : muł, stół.

64. Kerdyashov, N.N. Use of the local unconventional feed additives (in Russian) / N.N. Kerdyashov, A.A. Naumov // Zootekhnia. - – 2003. - – № 12. - – C. 13 – 14.

65. Kizinov, F.I. Wykorzystanie gliny "Leskonit" przy uprawie młodego bydła (w języku rosyjskim) / F.I. Kizinov, I.D. Tmenov, G.E. Kanukov // Karmienie zwierząt hodowlanych i produkcja pasz. - – 2009. - – № 3. - – C. 3 – 8.

66. Kirilenko, N. Skład gazu i mikroklimat / N. Kirilenko // Mechanik rolniczy. - – 2005. - – № 8. - – C. 30 – 31.

67. Diagnostyka kliniczna wewnętrznych niezakaźnych chorób zwierzęcych (w języku rosyjskim) / A.M. Smirnov [i inni]. - 2nd edition, adj. and add. - Moscow : Agroproizdat, 1988. - – 512 c.

68. Kobeleva, S.A. Mikroklimat pomieszczeń dla zwierząt (w języku rosyjskim) / S.A. Kobeleva // Medycyna weterynaryjna. - – 2001. - – № 3. - – C. 51 – 52.

69. Kovalevskiy, N.A. Mikroklimat pomieszczeń do hodowli zwierząt (w języku rosyjskim) / N.A. Kovalevskiy // Waga Narodowej Akademii Nauk Białorusi. - – 2005. - – № 5. - – C. 157 – 158.

70. Kokorina, E.N. Nasze doświadczenie w hodowli cieląt (w języku rosyjskim) / E.E. Kokorina, L.Ivanova // Hodowla bydła mlecznego i mięsnego. - – 1990. - –

№ 1. - – С. 18 – 20.

71. Połączone dodatki paszowe i białkowo-witaminowo-mineralne dla bydła z uwzględnieniem lokalnych źródeł surowców: monografia / V.F. Radchikov [i in.] - Witebsk: UO VGAVM, 2006. - – 115 c.

72. Mieszanki paszowe i dodatki paszowe / Sharshunov [i inni]. - Mińsk: Technoperspektywa, 2002. - – 440 c.

73. Karmienie zwierząt rolniczych: podręcznik dla studentów wyższych uczelni rolniczych w specjalnościach "Medycyna weterynaryjna", "Zootechniya" / V.K. Pestis [i in.] - Mińsk: Centrum Danych Ministerstwa Finansów, 2009 r. - – 540 c.

74. Normy paszowe i skład paszy: podręcznik referencyjny. - 2nd ed., pererabot. i dop. / A.P. Shpakov [et al.] - Vitebsk, 2005. - – 351 c.

75. Korobko, A.V. Productivity, natural resistance and safety of the calves at use of the biologically active stimulators (in Russian) / A.V. Korobko // Izvestia agrarian sciences academy of Belarus. - – 2001. - – № 1. - – C. 68 – 72.

76. Korolew, V. Zastosowanie BVD w hodowli byków (w języku rosyjskim) / V. Korolew // Hodowla bydła mlecznego i mięsnego. - – 2007. - – № 5. - – C. 20.

77. Kostomakhin, N.M. Modern technologies of the young growth in the dairy cattle breeding (in Russian) / N.M. Kostomakhin, A.V. Shmargun // Chief zootechnician. - – 2006. - – № 6. - – C. 21 – 27.

78. Kryukov, V. Ostrzeżenie o przewlekłej mikotoksykozie. /V. Kryukov. // Combicorme. - – 2003. - – № 8. - – C. 58 – 59.

79. Kuźniecow, A. F. Higiena zwierząt gospodarskich: podręcznik dla studentów szkół wyższych na kierunkach "Weterynaria" i "Zootechnia": w 2 cn. / A. F. Kuźniecow. - Moskwa: Agroproizdat, 1991. - Księga 1: Ogólna Zoohigiena. - – 399 c.

80. Kuźniecow, A.F. Zoohygiene Workshop with the Basics of Designing Animal Husbandry Objects / A.F. Kuznetsov, M.S. Naidensky, W.M. Kozhurin. - Moskwa: Kolos, 2006. - – 343 c.

81. Kuzniecow, A. F. Higiena zwierząt: książka referencyjna / A. F. Kuzniecow. - Saint-Petersburg ; Moskwa ; Krasnodar : Lan, 2004. - – 640c.

82. Kuzniecow, S.G. Naturalne zeolity w żywieniu zwierząt (w języku rosyjskim) / S.G. Kuzniecow, A.P. Batajewa // Zootekhnia. - 1993.- № 9.- C. 13-15.

83. Kuzminova, E.V. Premiksy medyczne i profilaktyczne (w języku rosyjskim) / E.V. Kuzminova // Hodowla zwierząt w Rosji. - – 2008. - – № 1. - – C. 61 – 62.

84. Lavrenov S.M., Yekimov V.G. Zoohygienic estimation of the content of calves in the prophylactic period // Veterinary.- 1986.- № 4.- S. 24-26.

85. Lewachin, W.W. Skuteczność wzrostu i tuczu byków na kompleksie przemysłowym (w języku rosyjskim) / Lewachin, W.Baszirow, M.Kizajew // Hodowla bydła mlecznego i mięsnego. - – 2005. - – № 6. - – C. 14 – 16.

86. Leonenko, W.W. Wpływ parametrów mikroklimatu na choroby układu oddechowego rozprzestrzeniające się w okresie dojenia cieląt (w języku rosyjskim) / W.W. Leonenko, W.W. Ławuszew // Rzeczywiste problemy rozwoju intensywnej hodowli zwierząt: materiały z międzynarodowej studenckiej konferencji naukowej. - Slajdy, 2007. - – C. 66 – 69.

87. Lipatov, A.M. Oporność organizmu cielęcia i jej korekta przez substancje biologicznie czynne (w języku rosyjskim) / A.M. Lipatov // Medycyna weterynaryjna zwierząt rolniczych. - – 2007. - – № 1. - – C. 63 – 64.

88. Lumbunov, S.; Ignatyev, R.; Struganov, V. Naturalne minerały dla hodowli zwierząt // Mleczarstwo i hodowla bydła mięsnego, 1998. 6-8.

89. Mazolo, N.V. Wpływ różnych warunków utrzymania cieląt w okresie profilaktycznym na ich wydajność, odporność, bezpieczeństwo i zachorowalność / N.V. Mazolo // Rzeczywiste problemy intensywnego rozwoju przemysłu zwierzęcego: zbiór prac naukowych. - Slajdy, 2011. - Okay. 14, ч. 1. - – C. 270 – 276.

90. Malik, N.I. Weterynaryjne preparaty probiotyczne / N.I. Malik, A.N. Panin // Weterynaryjne preparaty probiotyczne. - – 2001. - № 1. - – C. 46 – 51.

91. M.G. Malikova, M.G. Use of the complex feed additive in the heiferer diet (in Russian) / M.G. Malikova, D.R. Rakhimkulov // Feeding of agricultural animals and feed production. - – 2010. - – № 11. - – C. 65 – 70.

92. Markin, Yu. Karmienie cieląt w okresie rozruchowym (po rosyjsku) / Yu. - – 2003. - – № 8. - – C. 26 – 27.

93. Martynova, E.N. Analysis of the external air temperature change for the

microclimate in the animal house (in Russian) / E.N. Martynova, I.V. Mel / Izhevsk State Agricultural Academy. - Izhevsk, 2004. - – C. 236 – 240.

94. Medvedsky V. A. Normatywne wymagania zoohigieniczne w hodowli zwierząt (w języku rosyjskim) / V.A. Medvedskiy [et al.] // Praktyczny przewodnik. - Witebska Państwowa Akademia Medycyny Weterynaryjnej. - Witebsk. - 2010. - – 342 c.

95. Medvedsky V. Ah, Brush E. V., Zhelezko A.F. Skuteczność stosowania pikumin w uprawie cieląt. Intensyfikacja produkcji produktów zwierzęcych: Mater. International Scientific and Practical Conf., Zhodino, 30-31 października 2002 - Mińsk, 2002. 195.

96. Medvedskiy, V.A., Shchebetok I.V., Zhelezko A.F., Zolotov A.N. Zastosowanie naturalnego minerału dla zwiększenia odporności i wydajności młodego bydła/ Nuty naukowe VGAVM, 2006. - T.42.C. 2-2. C.164-166

97. Medwiedzkij, W.A. Zalecenia dotyczące stosowania lokalnych, naturalnych minerałów w diecie kur niosek / W.A. Medwiedzkij, W.A. Bazilew, L.P. Bolszakowa; Witebska Państwowa Akademia Medycyny Weterynaryjnej. - Vitsebsk : VGAVM, 2010. - – 20 c.

98. Medwiedzkij, W.A., Bazylew, M.W. Pikuminium wpływ dodatku mineralnego na niektóre parametry naturalnej odporności młodych ptaków naprawczych (w języku rosyjskim) / W.A. Medwiedzkij, M.W. Bazylew // Badania młodych naukowców w zakresie rozwiązywania problemów hodowli zwierząt: Prok. Konferencja Naukowa i Praktyczna Młodych Naukowców i Nauczycieli, Witebsk, 22-23 maja 2002. - Vitsebsk, 2002. - S. 174.

99. Medvedskiy, V.A., Bazylev, M.V. Use of the mineral additives in poultry farming / V.A. Medvedskiy, M.V. Bazylev: Analytical review. - Vitsebsk, EO "VGAVM", 2003. - 32 str.

100. Medwiedzkij, W.A., Bazilew, M.W. Zastosowanie dodatków mineralnych w hodowli drobiu (w języku rosyjskim) / W.A. Medwiedzkij, M.W. Bazilew // przegląd analityczny. Witebska Państwowa Akademia Medycyny Weterynaryjnej. Vitsebsk, 2003. - 33 c.

101. Medvedskiy, V.A., Bazylev, M.V. Productivity and safety of repair young birds at introduction in a diet of the mineral additive picumin / V.A. Medvedskiy, M.V. Bazylev // Research of young scientists in the decision of problems of animal industries: Materials of the international scientific-practical conference

of young scientists and teachers, Vitebsk, May 22-23, 2002r. - Vitsebsk, 2002. - S. 175.

102. Medwiedzkij, W.A.; Bazilew, M.W. Ulepszona metoda oznaczania całkowitego wapnia w skorupce jaja (w języku rosyjskim) / W.A. Medwiedzkij, M.W. Bazilew // Hodowla drobiu Białorusi. - 2003.- №2.- C. 16.

103. Medvedskii, V.A., Bazylev, M.V., Zhelezko, A.F. Picumin's influence on the egg production of the bird / V.A. Medvedskii, M.V. Bazylev, A.F. Zhelezhko // Research of young scientists in solving problems of animal farming / Collection of articles III International Scientific Conference, Vitebsk, May 30, 2003. - Vitsebsk: VGAVM, 2003. - S. 163-164.

104. Medvedskiy, V.A., Zhelezko, A.F., Bazylev, M.V. Productivity of laying hens of the cross "Belarus-9" when using the mineral additive picumin / V.A. Medvedskiy, A.F. Zhelezko, M.V. Bazylev // Intensification of livestock products production: Proceedings of the International Scientific and Production Conference, Zhodino, October 30-31, 2002 - Moscow, Russia. 196.

105. Medvedskiy, V.A. Ocena sanitarno-higieniczna mikroklimatu pomieszczeń hodowli bydła: meta-dokumentacja / V.A. Medvedskiy [i in.]. - Mn.: Instytucja państwowa. "UMC", MoA i PB, 2001. - – 60 c.

106. Medvedskiy, V.A., Bazylev, M.V. Zastosowanie dodatku mineralnego pikumin w diecie remontowych młodych ptaków Białorusi-9 krzyża / W.A. Medvedskiy, M.V. Bazylev // Hodowla drobiu Białorusi. - 2002.- №4.- C. 14-15.

107. Medvedskiy, V.A., Zhelezko, A.F., Shchebetok, I.V., Maslak, V.Yu. Higieniczne uzasadnienie zastosowania dolomitu jako źródła pożywienia mineralnego dla młodych zwierząt s.x. // Uchenye konferentsii UO VGAVM, T.45, [1] 1-2 Witebsk, - 2009. - – C.59 - 62.

108. Medvedskiy, V.A., Zhelezko, A.F., Bazilev, M.V. Produktywność kur niosek z Białorusi-9 krzyżuje się przy użyciu pikuminowego dodatku mineralnego (w języku rosyjskim) / V.A. Medvedskiy, A.F. Zhelezko, M.V. Bazilev // W zbiorze: Intensyfikacja materiałów do produkcji produktów zwierzęcych międzynarodowej konferencji naukowej i produkcyjnej. Narodowa Akademia Nauk Białorusi, RUE "Instytut Hodowli Zwierząt Narodowej Akademii Nauk Białorusi". 2002. C. 196.

109. Menkin, V.K. Feeding animals / V.K. Menkin. - Moskwa: Kolos, 2003. - – 360 c.

110. Metodyczne zalecenia dotyczące oceny i korekty nieswoistej oporności zwierząt / redakcja A. G. Shakhov / Państwowy Uniwersytet Badawczy Wszechrosyjski Instytut Badawczy Weterynarii, Patologii, Farmakologii i Terapii. - Woroneż, 2005. - – 62 c.

111. Methodical recommendations for application of the acidifiers in manufacture of compound feed for farm animals and poultry (in Russian) / G.S. Kornilovich [et al.]; under edition of V.M. Pelushko, I.V. Korsenko. - – 2010. - – 93 c.

112. Methodical instructions for biochemical study of animal blood with the use of diagnostic kit: utv. GUV MSHIPR RB 27.11. 2007 / I.N.Dubina [et al.] - Vitebsk : EO VGAVM, 2008. - – 60 c.

113. Methodical Guidelines for Toxicological Evaluation of Chemicals and Pharmaceuticals Used in Veterinary Medicine / NAS of Belarus, Institute of Experimental Veterinary Medicine named by V.I. Lenin. S.N. Vyshelessky; skomponuj. A. E. Wysocki [et al.] - Mińsk, 2007. - – 156 c.

114. Meshcheryakov, W.S. Wpływ dodatków mineralnych i enzymatycznych w diecie wołów na tucz (w języku rosyjskim) / W.S. Meshcheryakov, W.P. Pashinin, M.G. Sizova // Postępy nauki i techniki. - 2004. - – № 1. - – C. 22 – 24.

115. Minakow, W.N. Minakow // Wpływ różnych warunków technologicznych uprawy cieląt czarno-białych do 6 miesięcy na wskaźniki wzrostu liniowego (w języku rosyjskim) / W.N. Minakow // Uchenye zapiski / Witebska państwowa akademia weterynarii". - Vitsebsk, 2000. - T. 36, h. 1. - – C. 168 – 169.

116. Ministerstwo Rolnictwa i Żywności RB // "Prawo" - zbiór aktów prawnych Republiki Białorusi [Zasób elektroniczny]. - – 2012. - Tryb dostępu: pravo.levonevsky.org.text726.htm. - Data dostępu: 30.02.2012.

117. Michałcow, S.B. Witaminy i mineralne żywienie krów bilansowanie przez okresy fizjologiczne (w języku rosyjskim) / S.B. Michałcow // Nauka zootechniczna Białorusi: Sb. artykułów naukowych / Instytut hodowli zwierząt NAS Białorusi. - Mińsk: Hata, 2002. - T. 37. - C. 235-239.

118. Mishurov, N.G. Korma są inne... / N.G. Mishurov // Wiejski mechanik [Zasoby elektroniczne]. - – 2006. - №9-10. - Tryb dostępu: http://www.apk.sakha.ru/fodder/additional.htm. - Data dostępu: 20.09.2007.

119. Mishurov, N.G. Sapropelic feed additives (w języku rosyjskim) / N.G. Mishurov

// Rural mechanizer [Zasoby elektroniczne]. - – 2009. - № 9-10. - Tryb dostępu: http://www.apk.sakha.ru/fodder /additional.htm. - Data dostępu: 20.02.2012.

120. Mogilenko A.F. Status immunologiczny młodego bydła na wewnętrzne choroby niezakaźne i jego korekta: streszczenie autorstwa. Dis. Dr Vetebsk, 1990. - – 48 c.

121. Monastyrev, A.M. Wzrost, rozwój i wydajność mięsna młodego bydła różnego pochodzenia (w języku rosyjskim) / A.M. Monastyrev, O.V. Shvager // Żywienie zwierząt hodowlanych i produkcja pasz. - – 2009. - – № 4. - – C. 3 – 9.

122. Moskalev, A.A. Naturalna odporność, wzrost i rozwój cieląt w zależności od warunków przyjęcia i uprawy: streszczenie autorskie. Cand. of Agricultural Sciences : 16.00.06 / A.A. Moskalev; EE "Witebska Państwowa Akademia Medycyny Weterynaryjnej", RUE "Instytut Hodowli Zwierząt Narodowej Akademii Nauk Białorusi". - Vitsebsk, 2004. - – 20 c.

123. Naletko, A.A. Use of the new feed additive on the basis of raw materials from the local sources in the compound feed in the steers' dietts (in Russian) / A.A. Nalteko, V.F. Radchikov, V.K. Gurin // Vesti natsionalnaya academia nauk Belarus. - – 2007. - – № 1. - – C. 13 – 16.

124. Nikolaychik I.A., Bazylev M.V. Podstawy zarządzania i zarządzania dokumentacją / Nikolaychik I.A., Bazylev M.V. // Podręcznik edukacyjno-metodyczny dla studentów specjalności "Zootechniya" / Instytucja edukacyjna "Witebski Order Honorowy" Państwowa Akademia Medycyny Weterynaryjnej. Witebsk, 2011. - 94 c.

125. Normy żywieniowe i racje żywnościowe dla zwierząt gospodarskich: podręcznik referencyjny. - 3rd ed. adj. and dop. /ed. by A. P. Kalasznikow [et al.]. - Moskwa, 2003. - – 456 c.

126. Mikrobiologia ogólna i immunologia: w 2 częściach / A.A. Soloneko [et al.]. - Mińsk: Pion, 2002. - – Ч.1.: Mikrobiologia i immunologia (w języku rosyjskim) / A.A. Soloneko [et al.]. - – 2002. - – 248 c.

127. Normy organizacyjne i technologiczne w zakresie produkcji zwierzęcej i przygotowania pasz: [Zbiór przepisów branżowych] / NAS Białorusi, Instytut Ekonomii NAS Białorusi, Centrum Ekonomii Rolniczej; opracowany. V.G. Gusakov [et al.]. - Mińsk: Białoruś. nauka, 2007. - – 283 c.

128. Organizacja działalności weterynaryjnej: podręcznik szkoleniowy / A.F. Iron, E.I. Sovieiko. - Mińsk: RIPO, 2018. - – 326 c.

129. Kwasy organiczne i zakwaszacze w paszach dla drobiu. /V.I. Fisinin [et al.]; pod wydaniem V.I. Fisinin, T.M. Okolelova. - Moskwa, 2006. - – 107 c.

130. Orkin, V. Środki kwasotwórcze wpływają na mikroflorę jelitową brojlerów z kurczaka (po rosyjsku) / V. Orkin, V. Tarayeva, Yu. - – 2006. - – №8. - – C. 29 – 31.

131. Podstawy zootechniki: podręcznik dla studentów uczelni wyższych na kierunkach "Medycyna weterynaryjna", "Wiedza weterynaryjna i sanitarna" (w języku rosyjskim) / L. M. Linnik [i in.]; pod redakcją W. A. Bogdanowa. I. Shlyakhtunova - Mińsk : Technoperspektywa, 2006. - – 323 c.

132. Pestis, V.K. Sapropeli w żywieniu zwierząt rolniczych / V.K. Pestis. - Grodno, 2003. - 337 c.

133. Petriankin, F.P. Use of the immunostimulants to increase the physiological status of the young animals (in Russian) / F.P. Petriankin, O.Yu. Petrova // Veterinary pathology. - – 2008. - – № 8. - – C. 24.

134. Pljashchenko S.I., Sidorov V.T., Sapego V.I. Wpływ czynników środowiska zewnętrznego na odporność zwierząt w warunkach nowoczesnej technologii: Przegląd informacji.- Moskwa: BelNIIITI, 1980.- 39 str.

135. Plyashchenko, S.I., Sidorov, V.T., Trofimov, A.F. Przyjmowanie i hodowla zdrowych cieląt. Moskwa: Uradzhai, 1990. 112-116.

136. Plashchenko S.I., Trofimov A.F., Kolomoyets V.G. Witalność cieląt w różnej zawartości // Weterynaryjne.- 1989.- № 1.- S. 24-27.

137. Plyashchenko S.I., Khokhlov I.I. Mikroklimat i produktywność zwierząt. - L.: Kolos, 1976. - 208 s.

138. Wzrost odporności zwierząt rolniczych przez substancje biologicznie czynne / Medvedsky V.A., Zhelezko A.F., Beshara M., Kartashova A.N., Bazilev M.V., Habib N., Shchebetok I.V., Svistun M.V., Rubina M.V. // Beirut, 2003. - 55 c.

139. Popularna encyklopedia hodowcy: podręcznik hodowli i trzymania zwierząt domowych w prywatnym podwórku. - Rostov n/d. : Prof-Press ; Phoenix, 2004. - – 480 c.

140. Tailor, T. V. Wydajność mięsa młodego bydła przy wprowadzeniu dodatku aromatycznego do diety: 06.02.04. Prywatna zootechnika; technologia produkcji produktów zwierzęcych [Tekst]: Streszczenie rozprawy doktorskiej do dyplomu naukowego kandydata nauk rolniczych / T.V. Portnaya. - Slajdy, 2002. - 20 c.

141. Wydajność i naturalna odporność cieląt w okresie profilaktycznym w zależności od warunków chowu (w języku rosyjskim) / N.W. Mazolo // Notatki naukowców EE "Witebski Order "Odznaka Honorowa" Państwowej Akademii Weterynarii": czasopismo naukowo-praktyczne / Witebska Państwowa Akademia Weterynarii; pod redakcją A.I. Jatusewicza [i inni]. - Vitsebsk: VGAVM, 2010. -T.46, wydanie 2. -P 240 - 243.

142. Puchka, M.A. Wpływ temperatury i wilgotności względnej na produktywność zwierząt w okresie przejściowym (w języku rosyjskim) / M.A. Puchka // Problemy higieny zwierząt hodowlanych: obrady Międzynarodowej Konferencji Naukowo-Praktycznej. - Vitsebsk, 2003. - – C. 100 – 101.

143. Radczikowa, G.N. Wydajność żywienia cieląt paszami mieszanymi z różnymi dodatkami mineralnymi i witaminowymi (w języku rosyjskim) / G.N. Radczikowa // Westi natsionalnaya acadamii novuk Belarusii. - – 2005. - – № 4. - – C. 24 – 25.

144. Rebezov M.B. Use of pyrogenic zeolites of South Urals // Zootekhnia, 2002.- [1] 8.- C. 16-17.

145. Republikańskie normy projektowania technologicznego nowych, rekonstrukcji i technicznego wyposażenia obiektów inwentarskich: RNTP-1-2004 / rozwinięte. N.A. Popkov [i inni]. - Mińsk, 2004. - – 92 c.

146. Rubina, M.V. Dolomitowa mąka wpływa na wydajność młodego bydła i niektóre wskaźniki krwi (w języku rosyjskim) / M.V. Rubina // Problemy z intensyfikacją produkcji produktów zwierzęcych. - Tezy raportów z międzynarodowych konferencji naukowych. - RUE "Centrum Naukowo-Praktyczne Narodowej Akademii Nauk Białorusi o hodowli zwierząt". - 2008. - – C. 235-236.

147. Rubina, M.V. Produktywność tuczników przy wprowadzeniu do diety drżenia i pikuminy (po rosyjsku) / M.V. Rubina // autorskie streszczenie pracy doktorskiej na temat konkurencji stopnia naukowego kandydata nauk rolniczych. - RUE "Białoruski instytut naukowo-badawczy hodowli zwierząt". - Jodino. - – 2001.

148. Sadomov, N.A. Stosowanie biologicznych środków pobudzających w celu zwiększenia wydajności i naturalnej odporności organizmu drobiowego: monografia / N.A. Sadomov. - Slajdy, 2003. - – 196 c.

149. Sapego, V.I. Substancje biologicznie czynne i naturalna odporność cieląt (w języku rosyjskim) / V.I. Sapego, E.V. Bernick // Medycyna weterynaryjna. - – 2002. - – № 5. - – C. 44 – 45.

150. Semenenko, M.P. Bentonita: i karmienie, i medycyna. / M.P. Semenenko // Hodowla żywego inwentarza w Rosji. - – 2006. –№ 3. - – C. 34 – 35.

151. Semenyuta A.T., Kolesnikow I.K., Fesenko I.D. Zwiększenie skuteczności specyficznej profilaktyki chorób cieląt przy intensywnej technologii hodowli // Intensyfikacja produkcji mleka i mięsa. - M., 1989.- S. 174-180.

152. Sergienia, D.G. Metody uprawy wpływają na zdrowie i produktywność cieląt (w języku rosyjskim) / D.G. Sergienia, A.I. Grabar // Proc. z VIII Międzynarodowej Konferencji Studenckiej / Państwowy Uniwersytet Agrarny w Grodnie. - Grodno: WO GGAU, 2007. - – C. 103.

153. Seriakov, I.S. Tremble influence on nutrientability of the diet (in Russian) / I.S. Seriakov, N.M. Bylitsky // Przebieg konferencji "Nowoczesne technologie produkcji rolnej". XII Międzynarodowa Konferencja Naukowo-Praktyczna / Instytucja Edukacyjna "Państwowy Uniwersytet Agrarny w Grodnie". - Grodno, 2009. - – C. 351 – 352.

154. Sechenov I.M. Wybrane prace filozoficzne i psychologiczne. M. Kolos, 1947. - – C. 87.

155. Skorik I.T. Zastosowanie sapropelu w mineralnym żywieniu świń: Zbiór prac naukowo-badawczych SibNIPTIZh, t. 3.- 1940.- s. 110-130.

156. Slaveckiy, W.B. Zalecenia dotyczące hodowli zdrowych cieląt w okresie mleczarskim / W.B. Slaveckiy, I.Ya. Pakhomov, N.P. Razumovsky. - Vitsebsk: UO VGAVM - 2003. - – 35 c.

157. Slesarev, I.K. Mineral sources of Belarus for animal husbandry / I.K. Slesarev, N.V. Pilyuk. - Żodino-Mińsk: BelNIIZh, 1995. - 176 s.

158. Sokolov, G.A. Higiena weterynaryjna / G.A. Sokolov. - Mińsk: Projekt obrony przeciwrakietowej, 1998. - – 160 c.

159. Sokolov, G.A. Klasyfikacja wewnętrznych aerostaz w pomieszczeniach dla

zwierząt / G.A. Sokolov // Higiena utrzymania i karmienia zwierząt - podstawa zachowania ich zdrowia i odbioru czystej ekologicznie produkcji: materiały Wszechrosyjskiej Konferencji Naukowo-Przemysłowej, Orzeł, 21-23 września. 2000 / Państwowy Uniwersytet Agrarny w Orłowie. - Orzeł, 2000. - – C. 142 – 144.

160. Sokolov, G.A. Aerostazy of the animal husbandry premises: Monograph / G.A. Sokolov, D.G. Gotovsky. - Witebsk: UO VGAVM-2004. - 102 str.

161. Sołjanik, A.W. Wymiana powietrza wpływa na produktywność zwierząt (w języku rosyjskim) / A.W. Sołjanik, S.E. Leszchin // Rzeczywiste problemy intensywnego rozwoju hodowli zwierząt: zbiór prac naukowych / Instytucja edukacyjna "Białoruska Państwowa Akademia Rolnicza". - Slajdy, 2006. - Okay. 9, ч. 2. - – C. 131 – 138.

162. Sohin, A.A., Chermushenko E.F. Immunologia stosowana. - M: "Kolos", 1984.- 316 s.

163. Podręcznik lekarza weterynarii /redagowany przez A.I. Yatusevicha. - Mińsk: Technoperspektywa, 2007. - – 971 c.

164. Katalog parametrów klinicznych i biologicznych zwierząt (w języku rosyjskim) / N.S. Motuzko [et al.]. - Gorki, 2001. - – 72 c.

165. Tabakova, L.P. Prywatna zootechnika i technologia produkcji zwierzęcej (w języku rosyjskim) / L.P. Tabakova. - Moskwa: KolosS, 2007. - – 318 c.

166. Talalaeva, I. Perspektywiczne dodatki paszowe dla krów i cieląt / I. Talalaeva, M. Sidorov // Hodowla bydła mlecznego i mięsnego. - – 2006. - – № 8. - – C. 10 – 11.

167. Taranovich, A. Calf health - droga do pomyślnej hodowli wysoko wydajnych zwierząt / A. Taranovich // Hodowla bydła mlecznego i mięsnego. - – 2010. - – № 1. - – C. 17 – 18.

168. Cielęta. System hodowli młodych zwierząt // Życie weterynaryjne. - – 2006. - – № 20. - – C. 13.

169. Trofimov, A. F. Naturalna odporność i energia wzrostu cieląt przy zastosowaniu kompleksowego dodatku witaminowo-mineralnego A. F. Trofimov, L. N. Sheigratzova, T. N. Loponogova // Notatki naukowe EE "Witebska Państwowa Akademia Weterynarii". : pismo naukowe i praktyczne. - – 2009. - T. 45,

wydanie. 2, h. 2. - – C. 220 – 224.

170. Trofimov, A.F. Some aspects of optimization of young cattle breeding (in Russian) / A.F. Trofimov, A.A. Alyoshin, A.A. Music // STI and market. - – 1997. - – № 7. - – C. 33 – 34.

171. Fatkullin, R.R. Zastosowanie biologicznie czynnego dodatku Vitartil przy tuczu buhajów (w języku rosyjskim) / R.R. Fatkullin // Karmienie zwierząt gospodarskich i produkcja pasz. - – 2010. - – №4. - – C. 57 – 60.

172. Parametry fizjologiczne zwierząt: książka referencyjna / N.S. Motuzko [et al.]. - Mińsk: Technoperspektywa, 2008. - – 95 c.

173. Fizjologia zwierząt rolniczych: podręcznik / V.K. Gusakov [et al.]. - VGAVM, 2008. - – 274 c.

174. Fizjologia układu krwionośnego: podręcznik dla studentów i studentów szkół wyższych na kierunkach "Medycyna weterynaryjna" i "Zootechniya" / W.N. Belyavskiy [i in.]; Centrum Edukacyjno-Metodyczne Ministerstwa Rolnictwa. - Mińsk: UMC Minselkhozproda, 2007. - – 50 c.

175. Haziakhmetov, F.S. Zastosowanie probiotyków z serii VitaFort w hodowli cieląt (w języku rosyjskim) / F.S. Haziakhmetov, A.A. Basharov // Karmienie zwierząt hodowlanych i produkcja pasz. - – 2010. - – № 9. - – C. 13 –14.

176. Haziahmetov, F. S. Normalne żywienie zwierząt gospodarskich: podręcznik. - 2nd ed. / F. S. Khaziahmetov, B. G. Sharifyanov, R. A. Galliamov. - St. Petersburg. Lan, 2005. - – 272 c.

177. Cold, V.M. Reference book on veterinary biochemistry (in Russian) / V.M. Cold, G.F. Ermolaev. - Mn: Hurajai, 1988. - – 168 c.

178. Khokhrin, SN Karmienie bydła, owiec, kóz i koni: książka referencyjna / SN Khokhrin. - St. Petersburg. PRO-INFORM, 2003. - – 452 c.

179. Chromov, S. Zintegrowane podejście do hodowli cieląt do 4 miesięcy / S. Chromov // Hodowla zwierząt gospodarskich w Rosji. - – 2005. - – № 8. - – C. 43.

180. Chromov, S. Modern technologies of the repair young growth (in Russian) / S. Chromov // Główny zootechnik. - – 2006. - – № 7. - – C. 40 – 43.

181. Chikalev, A.I. Zoohygiena z podstawami projektowania obiektów

inwentarskich: podręcznik szkoleniowy / A.I. Chikalev. - St. Petersburg. Lan, 2006. - – 224 c.

182. Shareiko, N.A. Karmienie zwierząt hodowlanych (przebieg wykładów): podręcznik edukacyjno-metodologiczny dla studentów zoo-inzhfak, Wydział Medycyny Weterynaryjnej i studentów FPK / N.A. Shareiko, N.A. Yatsko, I.Ya. - Vitsebsk : UO VGAVM, 2005. - – 250 c.

183. Shvedov, V.V. Mikroklimat w domach dla zwierząt (w języku rosyjskim) / V.V. Shvedov // Medycyna weterynaryjna. - – 1993. - – № 3. - – C. 12 – 14.

184. Sheiko, I.P. Główne kierunki rozwoju hodowli zwierząt na Białorusi // Intensyfikacja produkcji produktów hodowli zwierząt: Mater. Międzynarodowa Konferencja Naukowa i Praktyczna, Zhodino, 30-31 października 2002 r. - Mińsk, 2002. - C. 3-5.

185. Sheiko, I.P. Science support of the animal breeding branch / I.P. Sheiko // Scientists' notes / Vitebsk State Academy of Veterinary Medicine. - Vitsebsk, 1998. - – T. 34. - – C. 281 – 284.

186. Shipilov V.S., Kopytin V.K. Zapobieganie chorobom noworodków cieląt // Veterinary.- 1984.- № 7.- S. 50-51.

187. Shishkov V.P., Shipilov V.S. System pozyskiwania zdrowego potomstwa i profilaktyki chorób noworodków cieląt w hodowli bydła mlecznego // Poprawa efektywności przemysłowej hodowli bydła - M.: VASKHNIL, 1985.- S. 176-185.

188. Shlyakhtunov, V.I. Hodowla młodego bydła: monografia / W.I. Shlyakhtunov. - Witebsk. - – 2005. - – 184 c.

189. Shlyakhtunov, V.I. Hodowla noworodków cieląt: zalecenia metodologiczne / V.I. Shlyakhtunov, A.Trofimov, A.Music // Karmienie zwierząt hodowlanych i produkcja pasz. - – 2007. - – № 1. - – C. 3-

190. Shlyakhtunov, V.I. Hodowla bydła: podręcznik / V.I. Shlyakhtunov, V.I. Smunev. - Mińsk: Technoperspektywa, 2005. - – 387 c.

191. Shmakov, P.F. Wpływ substancji biologicznie czynnych na produktywność mięsa wołów rasy czerwonej w warunkach Zachodniej Syberii (w języku rosyjskim) / P.F. Shmakov, N.N. Pavlov, V.V. Baranov // Sb. Międzynarodowej Konferencji Naukowo-Praktycznej - Krasnodar, 2001.-S. 197-198.

192. Shchebetok, I.V. Formacja naturalnej odporności cieląt w warunkach kompleksu przemysłowego (w języku rosyjskim) // Podyplomowe i kandydackie. - 2003.- № 5.- C. 19-20.

193. Ekonomika i organizacja kompleksów rolno-przemysłowych przedsiębiorstw (w języku rosyjskim) / M. W. Bazilew i in. // Podręcznik edukacyjno-metodyczny dla studentów specjalności "Medycyna weterynaryjna" / Instytucja edukacyjna "Odznaka Witebska "Odznaka Honorowa" Państwowej Akademii Medycyny Weterynaryjnej. Witebsk, 2012. - 116 c.

194. Ekonomika i organizacja przedsiębiorstw rolniczych z podstawami zarządzania (w języku rosyjskim) / Bazilew, M. W. i in. // Podręcznik edukacyjno-metodyczny dla studentów specjalności "Sanitaria weterynaryjna i ekspertyzy" / Instytucja edukacyjna "Odznaka Witebska "Odznaka Honorowa" Państwowej Akademii Medycyny Weterynaryjnej. Witebsk, 2012. - 94 c.

195. Ekonomiczne uzasadnienie pracy dyplomowej Bazilew M. W. i [i in.] // Podręcznik edukacyjno-metodyczny dla studentów stacjonarnych i niestacjonarnych form kształcenia na specjalności "Zootechnia" / Instytucja edukacyjna "Odznaka Witebska "Odznaka Honorowa" Państwowej Akademii Medycyny Weterynaryjnej. Witebsk, 2008. - 42 c.

196. Skuteczność stosowania dodatków zakwaszających na bazie kwasów organicznych i lokalnych naturalnych minerałów (w języku rosyjskim) / V.A. Medvedskiy [et al.] // Rzeczywiste problemy z intensyfikacją hodowli zwierząt. - Slajdy, 2010. - t. ex. numer 12, część 1. - – C.75 – 81.

197. Jakowczik, N.S. Karmienie i utrzymanie wysoko wydajnych krów (w języku rosyjskim) / N.S. Jakowczik, A.M. Lapotko; pod wydaniem. E. Plashchenko. - Molodechno: Zwycięstwo, 2005. - – 287 c.

198. Yarmak, V.S. Opracowanie i wdrożenie perspektywicznej technologii utrzymania krów mięsnych z cielętami w stadzie karmionym w warunkach intensyfikacji hodowli zwierząt (w języku rosyjskim) / V.S. Yarmak // Hodowla bydła mlecznego i mięsnego. - – 1993. - – № 7. - – C. 24 – 25.

199. A.I. Yatusevich. Diagnoza różnicowa chorób zwierzęcych: praktyczna. - Manual / A.I.Yatusevich, W.V.Maksimovich, S.S.Abramov i inni. - Mińsk: Technoperspektywa. 2010. - – 449 c.

200. Yatusevich, A.I. Ekologia ogólna i weterynaryjna: podręcznik dla studentów wyższych uczelni rolniczych (w języku rosyjskim) / A.I. Yatusevich, W.A.

Medvedskiy. - Mińsk: Centrum Danych Ministerstwa Finansów, 2009 r. - – 304 c.

201. Yatusevich, A.I. Veterinary encyclopedia / pod redakcją A.I. Yatusevicha [i in.]; Minsk: Belarusian Encyclopedia, 1995.- S. 81.

202. Yatusevich, A.I. Economics and organization of veterinary medicine: practical manual / A.I. Yatusevich, N.S. Bezborodkin, V.V. Maximovich. - Witebsk: UO VGAVM, 2006. - – 303 c.

203. Yatusevich, I.A. Complex prophylaxis and treatment of abomasoenteritis in calves / I.A. Yatusevich, I.Z. Sevryuk // The modern problems of intensification of animal industries: Mat. international. conf. - Gorki, 1997. - C. 36-37.

204. ACIDOMIX® // Preservativepre-mixisaproprietaryblendofGutEnvironmentalModifiers (GEMs) [Zasoby elektroniczne]. - 2010 - Tryb dostępu: http://www. novusint. com/pl/Produkty/Wszystkie produkty/Acidomix. - Data dostępu: 24.12.2011.

205. Asensi, V. Synergistic effect of human lysozyme plus ampicillin or beta-lysin on the killing of listeria monocytogenes / V. Asensi, J. Fierer ; Department of Medicine, Veterans Administration Medical Center, San Diego // J. Infect-Dis. - – 1991. - Vol. 163, №3. - – P. 566 – 574.

206. Bats, J.H. The typolysis andhydrogenation of lipids in the digestive tractive of the sheep / J. Bats, K. Hill // J.Agn.Sci. - 1987. - V. 68.- S. 139-148.

207. Benhaim, P. Naturalna odporność na infekcje: funkcje leurocytów / P. Benhaim, T. Hunt // J. Burn - Care - Rehabilitacja. - – 1992. - Vol. 13, № 2. - – P. 195 – 287.

208. Borchert, E. Zum Vollmilcheinsatr w hodowli cieląt / E. Borchert, I. Ludwig // Hodowla zwierząt. - – 1988. – № 4. – P. 173 – 174.

209. Chiarini, R. Ricoveri w materiale lastiell / R. Chiarini. // Poinformuj Zootechnico. –1983. - Vol.14. - P.141 - 146.

210. Crovetto G., Succi G. Evolution of the nutrition requirements of the milk plants // Informuj. Zootech. - – 1990. - An. 37, № 1. – P. 29 – 33.

211. Edens, F.W. Effect of litter moisture and brooding temperature on body weight of turkey poults experiencing poult enteritis and mortality syndrome / F.W Edens, K.A. Joyce, C.R Parkhurst // Poult-Sc : Department of Poultry Science,

North Carolina State University, Raleigh, 1998. - Vol. 77, №3. - – P. 406 – 411.

212. Wpływ PVMA (dodatek białkowy, witaminowy i mineralny) pochodzenia miejscowego na wydajność krów mlecznych / V. Pestis [et al] // The Polish Journal of Natural Sciences. - – 2006. - – № 3. – P. 218 – 225.

213. Exner, C. Warunki klimatyczne i mikroorganizmy przenoszone drogą powietrzną w pomieszczeniach dla kotów dzikich : /C. Exner, J. Unshelm // Zentralbl-Hyg-Umweltmed. - – 1997. - Vol. 199, № 6. - P. 497 - 512.

214. Fisher, L. J. Two hovsing system for calves / L. J. Fisher, G. B. Peterson, S. E. Jones // J. Dairy Sci. - 1985. - – № 2. – P. 368 – 373.

215. Gallo, F. Solostralisimmunitasaborjakadlibitumitatasanaktapacztalataiegytermeloszovetketben / F. Gallo, K. Bolla. // Magyarallatorv. Lapqa. - – 1984. - – P. 601 – 603.

216. Hartman, D. Housing and feeding steps to successful calfraising / D. Hartman, F. Gwazdauskas // Hoards Dairyman. - – 1982. - – P. 1520 – 1521.

217. Hasegawa, M. Intra-cage air change rate on forced air-ventilated micro-isolation system - environment within cages: carbon dioxide and oxygen concentration / M. Hasegawa, Y. Kurabayashi, T. Ishii // Technical Research Laboratory Saitama Japan : Exp-Anim. - – 1997. - Vol. 46, №4. - – P. 244 – 251.

218. Hausen, J. Selen i płodność u zwierząt i ludzi. Recenzja /J. Hausen, Y. Deguchi. /Acta vet. seand. - 1996. - vol. 37 (1). - P. 19-30.

219. Hertrampf , I.W. Alternative antibacterial performance promoters / I.W. Hertrampf // Poultry International, 2001. - Vol. 40, № 1. - P. 50 - 55.

220. Herzig, I. Poziom jodu w moczu jako wskaźnik pobrania u krów mlecznych / I. Herzig, I. Rfha, B. Pisaifkovi // Vet. med. - 1996.-vol.41 (4). - P. 97-101.

221. Hill, G. Witamina E i suplementacja selenem bydła / G. Hill. Georgia nutrition conf. dla przemysłu paszowego. - Atlanta, 1997. - P. 57-65.

222. Hoffmann W. Doskonała higiena, wstępne karmienie dla długotrwałej opłacalnej hodowli prosiąt // Hodowla i chów trzody chlewnej - 1971 - №2 - P. 42-43.

223. Hummert, A. J. Wykorzystanie preparatów fermentacyjnych w hisbendry zwierzęcej / A. J. Hummert // Est.zags.Ac. - Tartu, 1988. - Vol.18. - P.145.

224. Identyfikacja stanu odżywienia z uwzględnieniem składników mineralnych w

północno-zachodnim Zairze / S. Wilkinson [et al.] // Comrtiun. Gleba. Sci. i Plant Anal. - 1996. - vol. 27 (13-14). - P. 2699-2712.

225. Jenkins, K. Wpływ podwyższonej zawartości lodu w preparacie mlekozastępczym na wydajność cieląt / K. Jenkins, M. Hidiroglou. // J. Dairy Sc. - – 1990. - Vol. 73, № 3. - P. 804 – 807.

226. Kaufmann, K. Hohe Qalitat w hodowli cieląt i młodego bydła - kluczowe pytanie dla dalszej intensyfikacji produkcji bydła / K. Biznesmen, F. Meiixner. // Hodowla zwierząt. - – 1986. – № 9. – S. 414 – 415.

227. Knabel, K. M. Wpływ wczesnego odsadzenia na tempo wzrostu cieląt urodzonych wiosną i porównanie ekonomiczne z tymi odsadzonymi w normalnym wieku / K. M. Knabel, T. B. Turner, M. A. Watson. // Appl. agr. Res. - 1990. - Vol. 4, № 2. - P. 73 –75.

228. Kolar, ja. Zakladni smery ve vyrive skotu / I. Kolar. // Vyzkum v chovu skotu. - – 1987. - – № 4. - – P. 38 – 46.

229. Kutlu, H.R. Wpływ karmienia na mokro i suplementacji kwasem askorbinowym na wydajność i skład tuszy piskląt brojlerów wystawionych na działanie wysokiej temperatury otoczenia/ H.R. Kutlu // Archive fur Tierernahrung, 2001. - Vol. 54. - – P. 127 – 139.

230. Mielke, H. Historia i podstawy relacji immunobiologicznych między matką a owocami u bydła / H. Mielke. // Mh. Weteran. Med. - 1979. - Tom 34, № 6. - P. 217 - 223.

231. Norell, R. J. Programy żywieniowe dla cieląt mlecznych / R. J. Norell // Vtah. Farmer. -Stockman. –1987. - Vol. 107, № 4. - P. 5-6.

232. Panda, A.K. Wzmocnienie układu odpornościowego kurczaka poprzez wczesne odżywianie /A. K. Panda, M.R. Reddy// Poultry International, 2007. - Vol. 46, N 6. - P. 22 - 26.

233. Phillips, J. Wzrost cielęcia wołowego z suplementem selenu /J. Phillips, A. Brown, R. Parham // Nutrit. Rep. Intern.- 1989.- Vol. 39. - № 3.- P. 537-545.

234. Ruiz-Monroy Pablo. Zastosowanie sepiolitu w paszy dla zwierząt / Ruiz-Monroy Pablo // Pasza treściwa.- 1996 - 99. - №11.- P. 511-518.

235. Santha, J. Aborjak eiheiyezesenek natasa a novekesre es vise i Kedesze / J. Santha, I. Czako. // Aiiattenyesztes es takaznanyozas. - – 1982. - – № 2. - – P.

131 –136.

236. Rozmiar rodzimych i podgrzanych miceli kazeinowych, zawartość białka i minerałów w mleku krów rasy Norwegian Red - wpływ polimorfizmu białka mleka i różnych systemów żywienia [źródło elektroniczne] / T. G. Devold [et al.]. - International Dairy Journal. - 2000, Vol. 10 (5/6). - – P. 313 – 333.

237. Sruba, T. Wychow cielat przy Krowach mamkach utzy my wanych na uwieri / T. Sruba, R. Zieminski // Rocz. nauk. Zootech. Monogr. i rozpr. – 1986. – № 24. – P. 135 – 144.

238. Wachnik, Z. Amoniak a zdrome te orobin / Z. Wachnik. // Drobiazszno. - – 1973. - – № 21. - – P. 16 – 17.

239. Wagner, D. High-energy, limitowane diety dla rosnących cieląt / D. Wagner // Agri-Pract. - – 1988. - Vol. 9, № 6. - P. 39 – 44.

240. Whitehead, C.C. Nutrition and poultry welfare / C.C. Whitehead // World's Poultry Science journal, 2002. - Vol. 58. - – P. 349 – 356.

241. Wu, D.O. Przeciwutleniacze i funkcja immunologiczna w stanie antyoksydacyjnym. / O.D. Wu, S.N. Meydani. // Dieta. Odżywianie i zdrowie. - CRC Press: Boca Raton, 1998. - – P. 371 – 400.

242. Yahav, S. Thermoregulacja w kurczakach z gołą szyją poddanych różnym temperaturom otoczenia / S. Yahav, D. Luger, A. Cahaner. // Br-Poult-Sc. - – 1998. - Vol. 39, № 1. - P. 125 – 133.

Kolibri 360 GmbH
Ferdinand-Jühlke-Straße 7
99095 Erfurt, Deutschland
produktsicherheit@kolibri360.de

Druck:
CPI Druckdienstleistungen GmbH
im Auftrag der
Kolibri 360 GmbH
Ferdinand-Jühlke-Str. 7
99095 Erfurt